Der Kleine und der Große Hamburger Michel

*Diese Chronik der St. Michaeliskirche wurde 1985, zum 300. Jahrestag der Einsetzung zur 5. Hauptkirche Hamburgs, geschrieben. Veröffentlicht wird sie 1986 – dreihundert Jahre, nachdem der Turm des ersten Großen Michels vollendet wurde.*

Reinhold Pabel

# Der Kleine und der Große Hamburger Michel

Christians

Der Autor hat bei seiner Arbeit vielfältige Unterstützung und Hilfe gefunden und möchte dafür herzlich danken, vor allem Herrn G. Wiarda (vom Großen Michel) und Herrn Pfarrer Klöckner (vom Kleinen Michel) für die Erlaubnis zur Benutzung ihrer Kirchenarchive sowie dem Museum für Hamburgische Geschichte.
Das Staatsarchiv Hamburg stellte dankenswerterweise Bildmaterial zur Verfügung, ebenso die Herren Lachmund, Rosenke und Dr. Höflich.
Besonderer Dank gebührt Herrn Theodor Grützke, dem ehemaligen Turmbläser, vom Michel, für seine ausgiebigen mündlichen Mitteilungen, die im Kapitel „Anekdoten" verwendet werden konnten.

CIP-Kurztitelaufnahme der Deutschen Bibliothek

Pabel, Reinhold
Der kleine und der Große Hamburger Michel /
Reinhold Pabel. — Hamburg: Christians, 1986.

ISBN 3-7672-0939-X brosch.
ISBN 3-7672-0953-5 Lin.


Umschlaggestaltung Andreas Brylka, Hamburg
Herstellung Christians Druckerei, Hamburg
ISBN 3-7672-0939-X brosch.
ISBN 3-7672-0953-5 geb.
Printed in Germany

# *Inhalt*

# *Vorwort*

Köln hat seinen Dom, München seine Frauenkirche, Ulm sein Münster und Hamburg – nicht etwa seine Michaeliskirche, sondern seinen «Michel».
In diesem Kosewort schwingt weit mehr mit als bloßes Bewußtsein der Verbundenheit mit einer Hauptkirche der Hansestadt, mehr als Stolz auf das wohl schönste sakrale barocke Gebäude Norddeutschlands.
Hafennahe, auf dem höchsten Punkt des Geestrückens, thront der Michel als weithin sichtbares Wahrzeichen Hamburgs über der Stadt, nahtlos aus der Geschichte in die Gegenwart hineinragendes Symbol hanseatischen Selbstbewußtseins, Brennpunkt und Sammelbecken hamburgischen Lebens, ehedem wie heute.
Unser Michel – das sagen nicht nur die evangelischen Gemeindeglieder, sondern *alle* Hamburger, quer durch alle Bekenntnisse hindurch, ja auch bis in die Reihen der Agnostiker, Atheisten, Irr- und Ungläubigen hinein.
Eine kleine Anekdote, die der Pastor Johannes Wilken berichtet, verdient in diesem Zusammenhang erwähnt zu werden:

> «Einmal begegnete ich in der Pastorenstraße, in der mein Pfarrhaus gelegen war, einem bedrohlich aussehenden Demonstrationszug, dem eine Strohpuppe in schwarzem Talar vorangetragen wurde unter schon von weitem hörbaren Rufen: ‹Nieder mit den Pfaffen!› Just vor meiner Haustür traf ich mit der johlenden Menge zusammen. Der Hauptschreier erkannte mich, zog seinen Hut und begrüßte mich von seinem erhöhten Platz auf dem mit Blumen und Kränzen geschmückten Lastwagen mit der freundlichsten Miene: ‹Guten Abend, Herr Pastor!›»[1]

Seltsamerweise gibt es über den Michel zur Zeit kein lieferbares Werk, das dieses Herzstück hamburgischen Lebens umfassend beschreibt. Das ausgezeichnete Buch von Horst Lutter: «Die Sankt Michaeliskirche in Hamburg», befaßt sich, wie im Untertitel schon angedeutet, fast ausschließlich mit architektonischen Details, speziell mit der Frage des Anteils der Baumeister Sonnin und Prey am Bau der Kirche. Andere Veröffentlichungen, zumeist vergriffen, behandeln ebenfalls nur spezifische Aspekte, etwa historische oder biographische.

Diese Lücke gilt es zu schließen. Weil ich in meinen Antiquariaten im Schatten des Michels – an der Englischen Planke und am Krayenkamp – zudem ständig nach einem Führer gefragt werde, fühlte ich mich gedrängt, ja geradezu prädestiniert, den Spuren der Geschichte unseres Michels nachzugehen und sie aufzuzeichnen.

Das habe ich besonders gern getan als Hamburger und als Christ. Im Michaeliskirchspiel geboren (im «Dragonerstall») und im (Kleinen) Michel getauft, sehe ich es daher als symbolhaft an, daß ich als katholischer Christ über ein sozusagen evangelisch-katholisches Gotteshaus schreiben darf.

Der Kleine Michel, seit 1811 katholisch, ist der ältere Bruder der heutigen Großen Michaeliskirche, beide nur getrennt voneinander durch das breite Band der Ost-West-Straße.

Beide christlichen Kirchen sind ja auch noch immer als Glaubensgemeinschaften getrennt – und doch einander Gott sei Dank viel näher gekommen, als das noch vor wenigen Jahrzehnten für möglich gehalten werden konnte, von den Zeiten finsterster kirchlicher Intoleranz im 16. bis 18. Jahrhundert ganz zu schweigen. Man kann sich heute überhaupt nicht mehr vorstellen, daß etwa im September 1719 vom Michaeliskirchplatz aus die katholische Kapelle in der kaiserlichen Gesandtschaft am Krayenkamp als «Teufelsnest» von einer fanatischen Menge bis auf die Grundmauern zerstört wurde, oder, auf der anderen Seite, Protestanten um ihres Glaubens willen zu Tausenden aus ihrer Heimat vertrieben wurden (Hugenotten, Salzburger Emigranten).

Noch 1962 klagte Pastor Harms, daß «die Fronten zwischen uns und der Kirche Roms so verhärtet sind, daß sie sich kaum noch bewegen. Wir sind nicht nur außer Sprechweite zueinander geraten, sondern sogar außer Rufweite. Verbitterung, Mißverständnisse, Unkenntnis und ganze Berge von Mißtrauen haben sich zwischen uns geschoben, zwischen die Theologen auf beiden Seiten und mehr noch zwischen die Gemeinden. Wer unter uns trägt noch an der Verantwortung für den Christenmenschen und gar den Namenschristen in der anderen Kirche? Tausendmal haben wir Kains trotzige Antwort nachgesprochen: Soll ich meines Bruders Hüter sein? Wir Christen um den Michel herum wohnen nicht einträchtig beieinander, sondern gleichgültig nebeneinander. So verdunkeln wir mit unserer Uneinigkeit das Licht des Evangeliums von dem einen Herrn der Welt, so daß andere Menschen den Weg zum Heil verfehlen.»[2]

Dankbar dürfen wir heute feststellen, daß in den knapp 25 Jahren seit dieser düsteren Analyse Erstaunliches geschehen ist.

Im Großen Michel gibt es ökumenische Gottesdienste, zuweilen mit katholi-

schen Bischöfen als Predigern, in der Katholischen Akademie neben dem Kleinen Michel interkonfessionelle Veranstaltungen. Könnte es ein hoffnungsvolleres Zeichen geben für die Wandlung der menschlichen Beziehungen der Christen untereinander in der Neustadt als die Tatsache, daß der Direktor besagter Katholischen Akademie im evangelischen Gemeindehaus des Großen Michels seinen Wohnsitz hat?
In einer Atmosphäre behutsamen Aufeinanderzugehens, im Bewußtsein eines gemeinsamen Erbes, fällt es dem Chronisten um so leichter, im folgenden aufzuzeichnen, was Quellenforschung zur Geschichte des Michels zutage gefördert hat, des Kleinen und des Großen. Dem Kleinen, aber älteren, gebührt naturgemäß der Vortritt.

*1 Der „Ur-Michel", die Friedhofskapelle „but'n Dammtor", nach einem allerdings viel späteren Stich n. Ladomin, 1690. Nicht als authentisch zu werten (Staatsarchiv, Hbg.)*

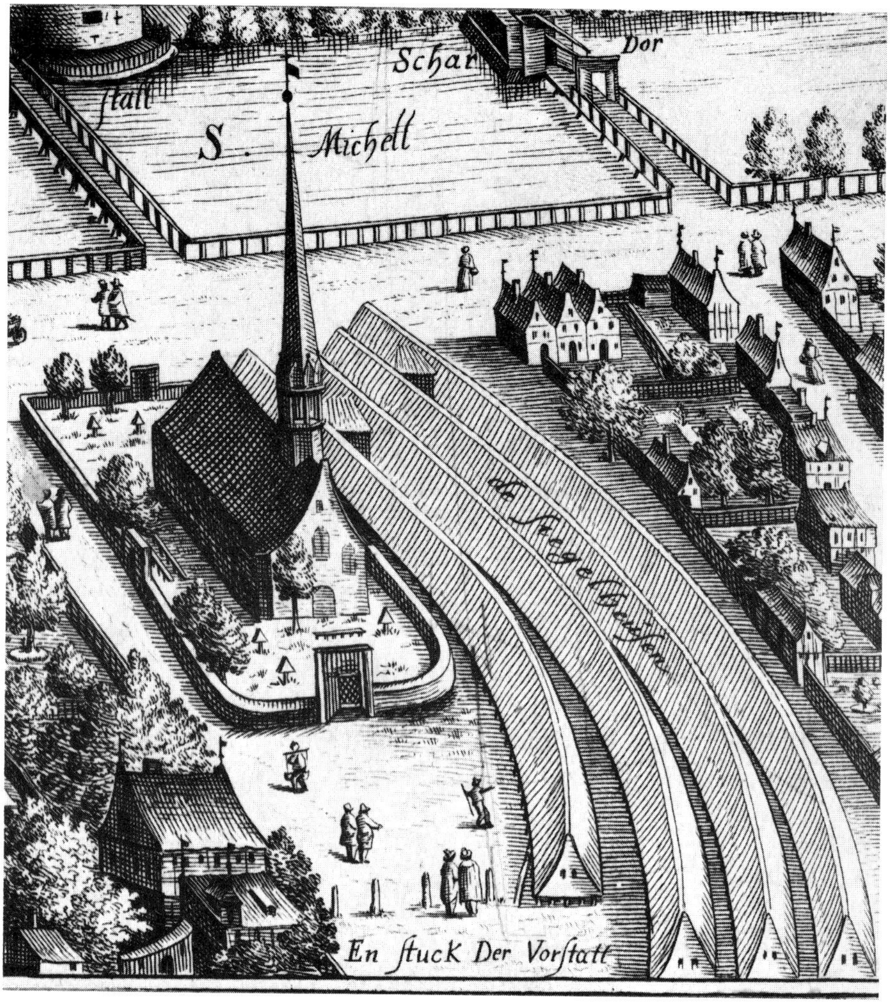


2 *Der zweite Erweiterungsbau, jetzt schon „S. Michell" genannt, auch als „Teilfeldkirche" bezeichnet, Ausschnitt aus d. Kupferstich v. J. Dirksen („Hamburgum in diebus nostris") a. d. Jahr 1613 (Staatsarchiv)*

# *Die alte Kleine Michaeliskirche*

CATHARIN, DE FIN
NICOLAI, DE RIEKEN
ST. PETRI, DES GLIEKEN
JACOBI, DE STUREN
MICHAELIS, DE BUREN!

Mit diesen kennzeichnenden Beinamen belegte der Volksmund die fünf hamburgischen Hauptkirchen. Wie man sieht, galt St. Nicolai, die Mutterkirche der späteren Michaelisgemeinde, als eine reiche Pfarrei. Die verstorbenen Gemeindeglieder wurden seit dem 17. Jahrhundert wie üblich entweder in der Kirche selbst bestattet (wenn sie Personen von Rang und Namen waren) oder zumindest auf dem Kirchhof, d. h. auf einem Begräbnisplatz rund um die Kirche.

Das «Erdgeld» für ein Grab im Kirchengewölbe, meist auf Dauer von 20 bis 25 Jahren überlassen, war beträchtlich und für die ärmeren Schichten unerschwinglich (600–800 Mark). Um auch Minderbemittelten, die sich eine Bestattung auf dem Kirchhof nicht leisten konnten, einen Grabplatz gewähren zu können, beschloß man in St. Nicolai, einen Friedhof außerhalb der Stadt anzulegen. Dies erwies sich übrigens im Laufe der Zeit als unumgänglich, einerseits wegen des raschen Bevölkerungswachstums der Gegend, andererseits, weil man im Zuge der mit der Aufklärung einhergehenden hygienischen Erkenntnisse mit dieser Maßnahme am besten die Seuchen und Pestepidemien glaubte bekämpfen zu können. In Süddeutschland war übrigens die Bestattung außerhalb der Stadt schon mehr als 100 Jahre früher gang und gäbe.

Im Jahre 1583 wurde nun der Plan in die Tat umgesetzt. Die Gemeinde kaufte einen Platz «vor dem Millertor» zu diesem Zweck. Das Millernthor (= Mittleres Tor) befand sich damals bei der heutigen Ellerntorsbrücke[3], also ganz in der Nähe des Grundstücks, auf dem heute noch die Kleine Michaeliskirche steht.

Es wurde, so berichtet der Chronist, «ein Platz auf dem Tejelfelde (Teilfeld) an der Gartenseite des Grundstücks des Herrn Bürgermeisters Wetkens ausersehen». Dieser Garten muß längs der Nordseite des Kleinen Michaeliskirchhofs gelegen haben, von der Ecke der Düsternstraße bis zum Paradieshof.[4] Ob für den Platz etwas bezahlt wurde, ist unklar. In der Kaufurkunde heißt es:

> «Anno Domini 1583 den 9 Martii hebben de Erbaren Hoch und Wolwysen Herren, Herr Herman Wetkens, Herr Eberhard Moller, Hr. Pawel Grothe und Hr. Johann Niebuhr, alle veer Bürger-Meister, als oldeste Karspels-Herren des Karspels St. Nicolai, den Platz darup de itzige nye Kerkhowe buten dem Mylren Dhor, der Kerken Nicolai thogehörig, gebuwet is, in Jegenwardigheid der hillige Lichnams- und Kerk-Geschwaren Autor Peters, Joachim Wichmann, Jürgen vam Holte und Jacob Langermann affgesnöreth und utgesteken ...»[5]

Aber das Projekt fand keinen Anklang bei der Gemeinde. Bis zum Jahre 1600 wurden nur ganz wenige Grabstellen verkauft.

Das hatte verschiedene Gründe. Der Weg zum Friedhof war beschwerlich. Man muß bedenken, daß Leichenbegängnisse damals oft mit stundenlangen Zeremonien verbunden waren; nicht selten wurden Frauen dabei ohnmächtig. Bei Wind und Wetter gab es keinen Schutz für die Leidtragenden, und noch weniger für die Totengräber, die lauthals gegen diese unzumutbaren Zustände protestierten. Vor allem aber wehrten sich die Angehörigen dagegen, ihre Toten sang- und klanglos, ohne Glockengeläut, auf einem öden Vorstadtfeld «in die Grube fahren zu lassen». Um diesen Übelständen abzuhelfen und damit den neuen Friedhof akzeptabel zu machen, wurde beschlossen, auf dem Grundstück ein kleines Bethaus zu errichten. Dieser wichtige Beschluß ist dokumentarisch überliefert:

> «Anno Domini 1600 im Junio hebben de Erbaren Vornhemen und Wohlgeachteten Jürgen vam Holte und Alberdt Hackmann hillige Lichams, Hans Koopmann und Wilhadt Wetkens, Kerkgeschwaren vör gudt angesehen, dat ene Kapelle up den nyen Kerkhowe St. Nicolai buten dem Mylren Dhor belegen, mogte angevangen und gebouwet werden. Damidt de Lüde desto bequamer ehr Gebedt unvörhindert des Regens, edder Unwedder halven, dohn mogen, ook tho mehrer Bestadigung christliker Ceremonien de Klokken darhen verordnet syn, heft demnha de Erbar und vornheme Hans Koopmann als domals der oldeste Geschwor, up upgedachter Geschwaren Bevele desülwige nye Kapelle darhenne, tho der Kerken Nicolai Bestes richten und setten lathen, de ock den sülvigen Sommer över fullendet.»[6]

Die kleine Kapelle war nur 55 Fuß lang und etwa 25–30 Fuß breit. Sie erwies sich bald als viel zu klein, zumal auch die Bürger der näheren Umgebung dort einen Predigt-Gottesdienst wünschten. Der Kirchenvorstand von St. Nicolai sah sich deshalb 1604 veranlaßt, einen Erweiterungsbau vorzunehmen («ein neues Chor zu bauen»), und verfügte gleichzeitig, daß «daselbst stehende Särge versetzt und von den bereits verfaulten die Bretter nach dem Milchberg[7] gebracht und dort eingescharrt würden».

3 *Die erste Kl. Michaeliskirche nach einem Stich von Rolffsen v. 1750. Authenzität zweifelhaft (Staatsarchiv)*

Der Jurat (Kirchgeschworene) Vossenholen scheint sich besonders für den Anbau eingesetzt zu haben, wie seine Grabschrift bezeugt:

«Und weil das Gottesvolk allhier sich ausgebreitet
Hat er ein Gotteshaus von neuem zubereitet,
St. Michaeliskirch, wozu die ersten Stein
Durch ihn und Evert Grave derzeit geleget sein.
Ist das nicht löblich Werk, wo will dooh heut herkommen
Der sich mit solchem Ernst hätt freudig unternommen,
Zu richten eine Kirch in der neuen Vorstadt,
Da fast der Gottesdienst kein Raum noch Platz mehr hat.»[8]

Nun war also die neue Vorstadtkapelle schon fast zu einer Pfarrkirche geworden mit regelmäßigem Gottesdienst. Ihr erster Prediger, Peter Klingenberg, übte sein Amt aber immer noch im Auftrag der Mutterkirche St. Nicolai aus. Wie auch die Tatsache, daß eine Statue des hl. Nikolaus das Portal des Kirchleins schmückte, symbolisch andeutet, war die neue kleine Vorstadtgemeinde eben noch, kirchenrechtlich gesehen, keine Pfarrei, sondern nur eine Filiale von St. Nikolai und sollte es noch längere Zeit bleiben.
Das stetige Anwachsen der Bevölkerung in der Umgebung machte bald eine zweite Erweiterung notwendig; diesmal (1605) wurde daraus eine solide Kirche mit großen, lichten Fenstern, einem neuen Turm mit Raum für mehrere Glocken. Schon im August 1606 war das Werk nach nur anderthalbjähriger Bauzeit vollendet.
Wie hat nun der «Ur-Michel» ausgesehen?
Im Staatsarchiv Hamburg befindet sich ein kleiner Kupferstich, der nach Linkemeyer die allererste Kapelle von 1600 darstellen soll.[9] Dies ist aber sehr zweifelhaft, weil er wahrscheinlich erst 1690 entstanden ist. Viel früher, nämlich 1613, ist der Stich von Dirksen (Abb. 2) zu datieren; hier könnte es sich tatsächlich um die früheste Darstellung des Kleinen Michels handeln. Übrigens kann man auf diesem Kupfer deutlich die langgestreckten Ziegeleien auf dem Teilfeld erkennen. Der Stich von Schenck gilt allgemein als unzuverlässig, weil er später, wahrscheinlich nur nach einer Beschreibung, hergestellt wurde. Der Stich des zweiten Erweiterungsbaus von Rolffsen (Abb. 3) wird ebenfalls nicht von allen Fachleuten als authentisch anerkannt.
*Wortmann,* der früheste Chronist der Michaeliskirche – das Werk erschien 1809 –, berichtet zu wenig über das Äußere der Kirche, um einen Gesamteindruck vermitteln zu können, und bezieht sich überhaupt nicht auf Rolffsen. Faulwasser, der immer noch als der bestinformierte Fachmann zum Thema gilt, steht der Authentizität Rolffsens sehr kritisch gegenüber. Er schreibt: «Der nach dem Abbruch der Kirche 1754 hergestellte Kupferstich, der diese

4 *Der alte Kleine Michel mit der Umfassungsmauer nach einer Lith. v. C. Fuchs*

mit hohen Spitzbogenfenstern in ausgesprochen gotischem Baustil zeigt, kann nicht als zuverlässig anerkannt werden, da um jene Zeit nirgendwo mehr in diesem Sinne gebaut wurde.»[10] Demgegenüber weist Dammann, wie es scheint mit Recht, darauf hin, daß die Zeichnung zum Stich schon 1745 angefertigt und der Stich selbst 1750 entstanden sei. Zudem zeigten die Fenster die deutlich erkennbare «Steertwinden-Umrahmung» (tauartig gedrehte Formsteine), diese seien also für die Zeit glaubhaft; außerdem seien ja auch die sonstigen gotischen Stilelemente (Strebepfeiler, offener Turmhelm) in norddeutschen Bauten der Zeit durchaus noch üblich gewesen.[11]
Das auf dem Stich von Rolffsen sichtbare Grabmal im Renaissance-Stil an der Nordseite des Gebäudes in Turmnähe konnte Geffcken noch nicht identifizieren. Faulwasser hält es «sichrem Vermuten nach» errichtet zu Ehren von Freiherr von Hirschdorf, der «den Platz 1642 kaufte auf ewige Zeiten und für die Gerechtsame, ein großen Epitaphium aufzustellen, einen vergoldeten Kelch nebst Kanne und Patene, zusammen 72¼ Lot schwer schenkte.»[12] Wortmann

gibt eine nähere Beschreibung des Bauwerks, auf Grund von Kämmerei-Rechnungen erstellt:

> «Bei einer Länge von 146 Fuß war sie (die Kirche) 41 oder 42 Fuß breit. Das geständerte[13] Mauerwerk hatte eine Höhe von 15 Fuß und war nicht 2 Fuß dick. Die Tiefe des Fundaments war 3 Fuß; der Thurm, den 8 kleine buntgemalte Giebel mit vergoldeten kupfernen Knöpfen umgaben, war von innen mit Bley beschlagen, und von außen mit Kupfer bedeckt; es hingen 3 Glocken darin; vermutlich alle zum Geläute, denn von einem Uhrwerk findet sich in den Rechnungen nichts. Die innere Kirchendecke – ein bretternes Gewölbe, prangte mit 349 vergoldeten hölzernen Sternen und der Platfond war mit einer Abbildung des jüngsten Gerichts geziert. Längs und rundherum in der Kirche hatte der Maler die Propheten und Apostel paradieren lassen. Der Fussboden war mit Floren belegt. Der Predigtstuhl lag in Süden zwischen dem Chor und der Thüre. Die Orgel war bis anno 1630 über der mittlern Thüre in Norden; aber um diese Zeit wurde ein kleinerer Lector in Westen oder unterm Thurm gebauet, dahin das kleine Positiv oder die Orgel gesetzet wurde. Die gedreheten eisernen Stangen, welche zur Absonderung des Chors gedient, sind grün angemalt, sonst ist die Hauptfarbe am Gewölbe und an den Balken usw. blau gewesen. Die beyden Seiten des Altars wurden durch ein Geländer mit hölzernen Docken geschlossen. Ein Kabinet auf dem Chore diente bis anno 1622 zum Beicht-Stuhle und zur Grab-Kammer. Aber im Jahre 1622 wurde in Süden auf dem Chore eine kleine Sakristei erbauet, welche gerade hundert Jahre nachher, nämlich anno 1722 vergrössert und völlig neu gemacht ist.»[14]

Das Fassungsvermögen dieser ersten kleinen Kirche wird auf 600 feste Plätze und 120 Setzstühle geschätzt, deren Vermietung übrigens neben den Grabstellenmieten zu den festen Einnahmequellen der jungen Gemeinde gehörte.

Es ist nicht endgültig geklärt, seit wann das bis dahin nur Kirche «buten Millernthor» genannte Gotteshaus den Namen «St. Michael» erhalten hat.

Wortmann gibt als mögliche Gründe für die Wahl dieses Schutzpatrons an: a) die 1600 erbaute Kapelle sei am Michaelistage fertig geworden; b) das erweiterte Bethaus habe an diesem Tage (1605) das Richtfest gefeiert; c) die Einweihung und die erste Communion habe an diesem Tage stattgefunden. Daß der Name von einer früheren katholischen Kapelle käme, sei, so Wortmann, falsch, «denn davon findet sich nirgends eine Spur, wenigstens hat sie auf diesem Platze nicht gestanden».

Vollends verwirrend wird der Komplex der Erklärungsversuche durch einige ältere Quellen, in denen «St. Lucien» auftaucht. So heißt es bei Wilckens: «Hamburgischer Ehrentempel» (Hbg. 1770, 457) «der Mond ohne Schein sey demnach die alte Kirche gewesen, als sie noch außer der alten Stadt gelegen und eine Capelle der Hauptkirchen gewesen, wie sie denn von den Mitteln dieser Kirche zuerst 1604 gebauet und den Namen St. Lucien erhalten ...» Auch ein plattdeutscher Bericht, verfaßt um 1610, erwähnt deutlich eine «Nienkerke vor dem mellerendore up S. Lucienkerkhaue».[15]

Mit Bestimmtheit läßt sich jedoch sagen, daß man in den Rechnungsbüchern der Kirche anno 1612 zum erstenmal den Beisatz findet, «St. Michael genömt»[16].

Merkwürdig muß es allerdings erscheinen, daß für diese von Anfang an protestantische Kirche der Name eines Erzengels und Heiligen gewählt wurde, was seit der Reformation kaum noch üblich war. Dessen war sich ganz offensichtlich auch die Geistlichkeit bewußt. Noch Jahrzehnte später, als sich der Name schon fest eingebürgert hatte, versuchte sie diesen «Schönheitsfehler» durch allerlei gewundene Interpretationen aus der Welt zu schaffen. Der berühmte langjährige Pastor und «geistige Vater» des späteren Projekts «Große Michaeliskirche», Jodocus Edzardi Glanaeus, scheiterte bei seinem Versuch, dem Kirchenvolk «St. Michael» auszureden und ihm dafür «Salvator» (Herr, Erlöser) als passender schmackhaft zu machen. Aber der gute Seelenhirte predigte damit tauben Ohren; die Gemeinde ließ sich ihren «Michael» nicht nehmen. Das Volk läßt sich eben nicht immer etwas von der Obrigkeit aufdrängen, was seinen gewachsenen Sprachgewohnheiten Gewalt antut. (Wie etwa die Münchner sich auch heute dagegen wehren würden, wenn sie verpflichtet wären, ihren «Stachus» «Karlsplatz» nennen zu müssen.)

Nach dem Bau der Neuen Großen Kirche am Krayenkamp wurde der Name «St. Michael» auf diese zwar übertragen, aber nicht ohne eine Art Rückzugsgefecht seitens der Kleriker. Mittels einiger etymologischer Verrenkungen sollte bewiesen werden, daß dieser Michael durchaus nicht der geschaffene Engel, eben St. Michael, bedeute, sondern der «ungeschaffene Engel des Herrn, der selber wahrer Gott ist, und doch von dem Herrn unterschieden wird, und mithin eine göttliche Person der hochgelobten Dreyeinigkeit sey, und zwar die andere Person der Gottheit, der Sohn Gottes ... Wenn also nun Sohn Gottes, dann auch Erlöser oder Salvator.»[17]

Auf diese Weise theologisch aufgewertet, aber seines Heiligenscheins beraubt, durfte also St. Michael seinen Thron behalten bis auf den heutigen Tag ... Beim Bau der zweiten Großen Michaeliskirche war man nicht mehr so ängstlich darauf bedacht, deutliche Distanz zur Heiligenverehrung des Mittelalters zu demonstrieren. Die Plastik über dem Hauptportal zeigt St. Michael in alter christlicher Tradition als wehrhaften drachentötenden Erzengel.

Mit dem also seit 1612 etablierten Namen «St. Michaelis» hatte die Kirche aber noch keineswegs den Status einer Pfarrkirche erhalten. In den ersten Jahrzehnten nach der Gründung wäre es auch schon aus finanziellen Gründen für die Michaeliten unmöglich gewesen, sich von der reichen Mutterkirche abzunabeln. Die hauptsächlich seit 1620 einsetzende Bevölkerungsexplosion – seit dieser Zeit strömten nämlich Scharen von Menschen vor den Wirren des Dreißigjährigen Krieges in den Schutz der entstehenden Festungswälle am Rande der Neustadt – brachte Probleme über Probleme. Vor allem die der neuen Vorstadtkirche sozusagen schon in die Wiege gelegte ständige Raumnot schien unlösbar. Es waren ja nicht nur die Flüchtlinge, die zur kriegssicheren Neustadt strömten, sondern auch immer mehr wohlhabende Bürger der Altstadt, die in der Umgebung ihre «Lusthäuser» und Garten-Zweitwohnungen einrichteten; denn die Gegend um den Groß-Neumarkt herum war sehr beliebt, «der guten Luft wegen». So entstand hier bald eine Art von ländlichem Naherholungsgebiet. Der Straßenname «Kohlhöfen» z. B. deutet heute noch darauf hin. Damit sollte nicht nur ein Terrain bezeichnet werden, wo man Kohl anpflanzte, sondern allgemein ein Gemüse- oder Obstgarten. Heß weist darauf hin, daß noch um 1790 das Viereck Kohlhöfen, Peter-, Markt- und Marienstraße aus einem eingeplankten «Krautgarten» bestand, auf dem «die niederen Stellen durch die Dreckführer successive ausgefüllt und später durch Käufer angebaut wurden». (II, 450) Es erhob sich schon bald die Frage, wie man der ständig wachsenden Gemeinde in der sozusagen aus allen Nähten platzenden Kirche einen würdigen Gottesdienst sichern könnte. Auf die Dauer war nur *eine* Lösung sinnvoll, nämlich: der Bau einer wirklich geräumigen neuen Kirche auf einem größeren Platz. Treibender Motor und unermüdlicher Verfechter dieses Ziels war viele Jahre hindurch Magister Jodocus Edzardi Glanaeus.

Dieser, ein gebürtiger Ostfriese, war zunächst in Billwärder tätig gewesen und kam 1626 als Prediger zum Kleinen Michel, wo er auf Grund seiner Gelehrsamkeit und seines rhetorischen Geschicks bald ungemein populär wurde. 41 Jahre lang leitete er die Geschicke von St. Michaelis. Seine Predigten waren so beliebt, daß die Zuhörer teilweise auf dem Kirchhof stehen mußten, um bei geöffneten Fenstern und Türen seinen Worten lauschen zu können. Immer wieder drängte er Obrigkeit und Mitbürger, endlich die notwendigen Schritte zu unternehmen, um den Plan eines Neubaues in die Tat umzusetzen.

In seiner berühmten «Tempelpredigt» von 1646 rief er der Menge zu:

> «Wo ist Raum für alle Erwachsenen, das liebe Wort Gottes zu hören? Wo ist ein Räumlein für die Jugend, so leider unter der Predigt auf Kirchhöfen und auf Gassen es nicht anders machet, als vor diesem, da keine Kirche hier gewesen, da

es junge Leute so barbarisch getrieben, daß die Stadt darüber voller Klagen gewesen ist. Sollte denn Gott nicht unter so vielen auch sein Haus haben? Darinnen Raum wäre für die gantze Gemeine, und nicht Ursache gegeben würde zu mannigfältiger Zertheilung, da ein Ehegatte zwar in unsere Kirche, ein anderer in eine andere gehet, Kinder und Gesinde mögen bleiben, wo sie können und wollen. Warumb wollen wir unserm Salvatori nicht ein beständiges Haus bauen? Darumb, Liebe Christen, greiffet zum Baw, weiset nicht ab, welche zum Hause eures Salvators samlen werden. Seyd im Werk nicht schläffrig, sondern recht eyfferig, in der Gabe nicht filtzig, sondern recht mildthätig. Wer weis, wo das Zeitliche, so ihr habt, noch wird hinfahren, wer es bekompt, wer weis, wie nahe der Tod sey, darum gebet, weil ihr noch geben könnt.»

Die Zuhörer waren begeistert und die Behörden willig; nun galt es, das Eisen zu schmieden, solange es heiß war.

Mit einem Flugblatt im folgenden Jahr faßte der unermüdliche Prediger nach: «Demütige kurze Erinnerung der Einwohner der Neuen Stadt an die ganze Christl. Gemeine der löblichen Stadt Hamburg um Hülfe und milde Handbietung, den Salvatori der Welt zu Ehren ein Haus und eine Kirche daselbst zu bauen.»

Ein chronologischer

Zusammentrag

die

Kirche und das Kirchspiel

zu

St. Michaelis

betreffend.

---

*Mit erläuternden Anmerkungen.*

---

Hamburg, den 6ten Februar 1809.

---

Gedruckt bey Friedrich Hermann Nestler.

5 *Titelseite v. G. Wortmanns „Zusammentrag", dem wichtigsten Quellenwerk zur Geschichte v. St. Michaelis mit dem schönen Stich v. Wolf als Frontisp. (Corbinus-Bau)*

# *Der erste Große Michel*

Nun endlich kam Bewegung in die Obrigkeit. Der Rat beschloß 1648, auf dem Michaelisfelde am Krayenkamp, wo schon seit der Mitte des 16. Jahrhunderts ein Friedhof bestand, eine neue große Kirche zu bauen. Edzardi nahm selbst mit den Bürgercapitänen die erste Sammlung in der Stadt vor. Am Bau der Fundamente und den dazu notwendigen Erdarbeiten wirkte täglich eine Compagnie Bürger mit. Wer verhindert war, mußte einen Ersatzmann stellen. Schon am 26. April 1649 konnte der Grundstein gelegt werden. In seiner Predigt versprach Edzardi, die neue Kirche

> «wird sein das Geistliche Siechen- und Kranckenhauß, darinnen die Geistlichen Tauben, die nicht haben hören können wegen Manglung des Raums, zum Gehör, den Geistlichen Blinden, welche die schönen Gottesdienst nicht haben sehen können, zum Gesicht wird geholffen werden. Es wird seyn das Geistliche Zuchthaus, darinnen unsere biß dahero ausgedrengte, und deswegen etwas verwilderte Jugend ins künfftige in der Zucht und Vermahnung zum Herrn erzogen werden kann.» Die Festgemeinde zog danach gemeinsam zum Bauplatz zur Feier der Grundsteinlegung im Beisein «einer ungläublich großen Menge Volks, welche, wann der große Platz zu enge gewesen, von Dächern umher und aus den Fenstern dem Aktui hat zusehen wollen.»

Mit dem Beginn des Neubaus wurde die Frage der Selbständigkeit von St. Michaelis wieder akut. Obwohl es damals schon weit über 10 000 Gemeindeglieder gab, war ihr Gotteshaus immer noch eine Dependance von St. Nikolai. Bevor die Vorsteher der Mutterkirche aber über eine Anerkennung als eigenes Kirchspiel diskutieren wollten, stellten sie die Bedingung, daß zunächst einmal die aufgelaufenen Schulden bezahlt werden müßten. Die ehemals so wohlhabende Nikolai-Gemeinde war nämlich selbst in finanzielle Bedrängnis gekommen. Der Turm ihrer Kirche mußte 1654 wegen Baufälligkeit abgerissen werden. Während dieser Arbeiten wurde durch einen heftigen Sturm die Turmmauer umgerissen und dadurch auch das Gewölbe schwer beschädigt. Durch Kollekten, Kreditaufnahmen und Verpfändungen konnten die entstehenden Reparaturkosten kaum gedeckt werden. Man war also gezwungen, 25 000 Mark Schulden seitens der Michaeliskirche einzuklagen,

6 *Turmansicht des ersten Großen Michels nach einem Stich v. J. M. Winterstein (1868)*

eine Summe, die die junge Gemeinde schon wegen der schweren finanziellen Belastungen (Neubau der Kirche) nicht aufbringen konnte.
Im Vergleich von 1647 verzichtete St. Nikolai auf alle Ansprüche an ihre bisherige Dependance zugunsten der Stadt Hamburg, die ihrerseits der Michaelisgemeinde die fundamentalen Rechte einer Pfarrei gewährte (zunächst noch ohne Vertretung in den Kirchen-Kollegien) mit der Auflage, daß die Michaeliten so lange unter der alten Administration verbleiben müßten, bis sie in der Lage wären, ihre Kirche, ihre Armen und Schulen selbst zu unterhalten.
Erst im November 1677 konnten die Schulden an die Mutterkirche endgültig abgetragen werden. Nun forderten die Michaeliten vom Senat und dem Collegium der 144er[18], ihnen endlich volle Parochialrechte einzuräumen. Die 144er zögerten noch und verwiesen den Antrag zunächst an die Bürgerschaft. Diese beschloß zwar, die Kirchspielrechte einschließlich «Possession auf dem Rathause» zu gewähren; daß aber «bei diesen unruhigen Zeiten» eine Aufnahme in die Gremien der Oberalten, Cämmerei-Bürger, 48er und 144er noch nicht möglich sei. Der Senat bestätigte diesen Beschluß und ernannte zunächst zwei Kirchspielherren für die neue Parochie. Die von diesen erwählten beiden ersten Leichnams- und Kirch-Geschworenen erschienen am 24. Februar 1678 zum Gottesdienst zum erstenmal in dem bei anderen Hauptkirchen üblichen Ornat.
Am 11. Mai 1685 war es endlich soweit. Rat und Bürgerschaft der Stadt nahmen die Vertreter von St. Michaelis feierlich in die Collegien auf. Seit diesem Tage, fast 40 Jahre nach der Loslösung von St. Nikolai, besteht die Michaeliskirche also offiziell als 5. Kirchspiel.
Inzwischen war St. Michaelis schon selbst zur Mutterkirche geworden: am 24. August wurde der Grundstein gelegt für die Filialkirche «St. Paul» auf dem Hamburger Berg (St. Pauli). Dieser Bau in Elbnähe hatte sich als notwendig erwiesen zur Betreuung der zahlreichen neuen Einwohner, die mittelbar oder unmittelbar mit der Schiffahrt zu tun hatten. Viele von ihnen arbeiteten bei der 1649 angelegten Tranbrennerei zur Versorgung der Grönlandfahrer.[19]
Die Baugeschichte des ersten Großen Michels ist von Faulwasser eingehend beschrieben worden und soll deshalb hier nur summarisch skizziert werden.
Als Baumeister der ersten Bauperiode wird der Altonaer Bildhauer oder Tischler Christoph Corbinus in der Gründungsurkunde ausdrücklich erwähnt. Zusammen mit dem Bauhofmeister Groeneveldt wurde der Baugrund abgeschnürt. Corbinus verfertigte noch 1648 ein endgültiges Modell des Pro-

jekts. Danach sollte die Kirche 32 Meter breit und (einschl. Turm) 65 Meter lang werden. Für das Ziegelmauerwerk mußte das gesamte Material von auswärts bezogen werden, da die Ziegeleien auf dem Teilfeld schon 1624 nicht mehr zur Verfügung standen. In etwa 3 Jahren war der Bau bis auf 22 Meter über Terrain gebracht, als Corbinus starb. Seine letzten Tage verbrachte er trotz seiner (mageren) Einkünfte aus seiner Baumeistertätigkeit in Armut. Im Oktober 1652 erhielt er noch 200 Mark «aus gutem Herzen als Darlehen». Sein Nachfolger wurde der aus dem Vogtland stammende Peter Marquard[20], seines Zeichens Zimmermeister, der auch durch seine Restaurierung der Türme von St. Nikolai und St. Katharinen bekannt wurde. Die ursprünglich geplanten steinernen Kreuzgewölbe kamen zunächst nicht zur Ausführung. So konnte 1659 schon der Dachstuhl aufgesetzt werden. Den Tag der Einweihung durfte der alternde Pastor Glanaeus am 14. März 1661 noch erleben, sozusagen als Krönung seines Lebenswerks.

Im Innern präsentierte sich das neue Gotteshaus als eine dreischiffige Hallenkirche, mit Kreuzgewölben auf toskanischen Säulen, ohne Querhaus. Die drei Schiffe hatten einen gemeinsamen Chorabschluß. Diese Chorbildung, mit deren Einbauten, für Sakristei und Garvekammer, könnte, wie Dammann meint, die Konzeption der späteren zweiten Michaeliskirche von Sonnin mit beeinflußt haben. Das Besondere im Erscheinungsbild des Inneren waren die durchgehenden Emporen, welche die ganze Breite der Seitenschiffe einnahmen. Die Plätze waren nur schwer zugänglich (bis zu 33 in einer Reihe). Infolgedessen entstand des öfteren störende Unruhe vor und nach dem Gottesdienst, so daß sich die Kirchenleitung 1704 gezwungen sah, eigens drei Aufsichtspersonen als Ordner einzustellen …

Der Bau des Turmes war Peter Marquards Meisterstück. Im Knopf fand man später folgendes Gedicht als Einlage:

> «Dir Großfürst Michael, gehöre dieses Haus,
> Du stehest für Dein Volk, steh auch für diesen Ort.
> Beschirme Kirch und Spitz, erhalt bei reinem Worte
> Die Lehrer, Rat und Volk, bis das die Welt ist aus.»

und:

> «Hier ist die höchste Spitz, davon man viel behender
> als sonst besehen kann die umbgelegnen Länder.»

Es dauerte indes noch mehrere Jahre, bis mit dem Einbau der Orgel und der Installierung der Glocken der Gottesdienst in vollem Umfang aufgenommen werden konnte. Die durch diese Arbeiten entstandenen Kosten konnten nur teilweise durch die Einnahmen aus der Vermietung von Sitzplätzen und Grabstellen aufgefangen werden. Denn der Erlös z. B. aus der Vergabe der Sitzplätze verringerte sich erheblich durch Verwaltungsaufwand: Die dazu angestellten Kirchenvögte hatten Untervögte und diese wiederum sog. Stuhlsetzerinnen, die alle bezahlt werden wollten. Alle diese Stellen wurden gegen Höchstgebot versteigert und waren sehr begehrt, so daß es nicht selten zu Streitigkeiten kam, ja gelegentlich, wie ein Protokoll von 1757 berichtet, zu ganz unchristlichen Prügeleien.

Die Gestühlsordnung war übrigens bis ins kleinste Detail festgelegt. Außer dem Verkaufspreis eines Platzes wurde zusätzlich eine Jahresmiete verlangt. Die erworbene Sitzberechtigung war nicht übertragbar; wer diese Vorschrift mißachtete, mußte Strafe zahlen, ein sog. «poengeld», wobei die Summe gestaffelt war, je nach der Zeit des Mißbrauchs.

Seit Anfang des 17. Jahrhunderts hatte die Bevölkerung der Neustadt weiter zugenommen, trotz der häufig auftretenden Seuchen und Krankheitsepidemien. Schon 1626 gab es unter den etwa 8000 Einwohnern der Neustadt 1722 Pest-Opfer. Von den ersten Pastoren des Kleinen Michels wurden mehrere während ihrer Amtszeit durch die Pest hinweggerafft; Pastor Edzardi Glanaeus war dem Tod nur mit knapper Not entgangen.

Der Kleine Michel war also mit der Vollendung des größeren Gotteshauses am Krayenkamp keineswegs überflüssig geworden. Die Hauptgottesdienste und andere Aktivitäten des Gemeindelebens fanden zwar am Krayenkamp statt, doch wurde die Kleine Kirche auch weiterhin benutzt, zunächst für Gottesdienste am Sonntag und Donnerstag.

Die Zeit um die Wende zum 18. Jahrhundert war im Gemeindeleben von inneren und äußeren Störungen geprägt. Anhänger des Pietismus und theologische Verfechter der Aufklärung gerieten sich auch auf den Kanzeln ins Gehege. Dabei war man oft in der Wahl rhetorischer Argumente nicht gerade zimperlich. Nach kurzer Amtszeit des ersten Hauptpastors an St. Michaelis, Georg Haccius, folgte Senior Johann Winckler, einer der markantesten Geistlichen der Geschichte des neuen Gotteshauses am Krayenkamp.[21]

Als Pietist zwar in seiner auf Verinnerlichung drängenden Grundhaltung ein erklärter Feind «unchristlichen Weltsinns» – dazu zählte er Besuch von Theatern und Opern –, erwies er sich doch auf der anderen Seite als unerschrockener Kämpfer gegen die Mißstände in den Ämtern. Er zeigte sich auch wohltuend tolerant gegen seine persönlichen Gegner, so etwa in seiner Schrift: «Wohlgemeinte Anrede an seine unbilligen Hasser in Hamburg, zur Ablehnung der vom Auctore der ‹Unumstößlichen Gründe› ihm imputierten Beschuldigung von den obhandenen Gefährlichkeiten in Hamburg.»

Einer seiner giftigsten Gegner, der Senior Schultz, schreckte auch vor böswilligen Verleumdungen nicht zurück, z. B. mit dem (unwahren) Vorwurf, daß er «leibeigen geboren sei und das unvernünftige Vieh gehütet habe, und daß er fremde Kirchspiele durchstreift habe, um reichen Leuten und frommen Wittwen den Seckel zu fegen».[22]

In diesen turbulenten Jahren kamen auch die sog. «Strafpredigten» in Mode, in denen sich manche Prediger rhetorische Papierkronen aufsetzten und nur persönlicher Eitelkeit frönten, dem gutwilligen Kirchenvolk Steine gebend statt Brot.

Einer, der es am ärgsten trieb, war Magister Lange. Seine Eskapaden zielten oft darauf, billiges Gelächter unter den Zuhörern zu provozieren. Angeblich um das Kupplerwesen anzuprangern, rief er einmal aus: «Da komme nun solche Botin an und spräche, der junge Herr möge doch zu ihrer Dame auf eine kalte Schale und ein Stück venezianischen Kuchen kommen.» Zu ein paar Handwerksburschen, die in der Nähe der Kanzel standen, sich wendend, fuhr er fort: «Ihr meint wohl, das wäre was für Euch, nein, da könnt ihr Euch nur den Mund wischen!»

Ein ständiges Thema war bei ihm das Schlafen in der Kirche. Die Leute kämen nur pro forma in die Kirche, setzten sich in die Ecke und zögen den Hut und das Regenkleid ins Gesicht. Einmal rief er von der Kanzel: «Weckt doch die in der Ecke mit dem Kattunleibchen einmal auf!» Die Frau verließ ganz beschämt die Kirche, beschwerte sich beim Senior und beteuerte, nicht geschlafen zu haben. Der Senior glaubte ihr, denn «wenn die Leute einem Marktschreier und seinem Pickelhering zuhörten, so werde man sie nicht schlafend finden».[23]

Wie populär Winckler trotz aller Anfeindungen seiner Kollegen bei der Bevölkerung war, zeigte sich bei seinem Tod am 5. April 1705. Die ganze Stadt erwies ihm die Ehre. Dem Zug, der vom Eckhaus an der Pastorenstraße ausging, angeführt von Vertretern des Rates, folgten viele Würdenträger und 1600 Bürger. Da nicht alle unmittelbar dabeisein konnten, verfolgten viele Menschen die Feierlichkeiten von den Dächern der umliegenden Häuser aus.
Unter den zahlreich erschienenen Leichengedichten ist das des berühmten Gelehrten Johann Albert Fabricius das bekannteste:

> «Recht wohl für ihn, der nun entzogen ist dem Schmähen,
> Derselbigen, für die zu Gott er täglich bat.
> Der nicht mehr darf für sich und seinen Augen sehen,
> Daß man so schnöd in ihm verachtet Gottes Rath.
> Allein, wie steht's um uns? Um unsre Kirch, die Arme,

Der ihr Elias heut mit ihm entrissen ist?
Ist niemand, der hierbei sich unsrer Stadt erbarme,
Die ihren Daniel und Paulus Geist vermißt?»[24]

Winckler blieb ein einsamer Rufer in der Wüste. Denn in seine Zeit fällt auch ein Ereignis, das – leider – als ein wenig rühmliches Kapitel in der Geschichte des ersten Großen Michels gelten muß. Gemeint ist der Sturm auf die ehemalige kaiserliche Gesandtschaft am Krayenkamp gegenüber dem Kirchhof im Jahre 1719.

Die Feiern zum Reformationsfest 1717 hatten in der ganzen Stadt Aktivitäten ausgelöst gegen alle Regungen religiösen Lebens, die von der lutherischen Staatsreligion abwichen, d.h. hauptsächlich gegen Reformierte, Katholiken und Juden. Von übereifrigen Predigern angestachelt, schreckte der Pöbel nicht davor zurück, mit Brachialgewalt die Andersgläubigen mores zu lehren.

Im Schatten des Michels, am Krayenkamp neben den Krameramtsstuben, befand sich damals die kaiserliche Gesandtschaft. Auf deren Grundstück, also auf extraterritorialem Boden, gab es eine vom Senat geduldete katholische Kapelle, die auch katholische Bürger der Stadt besuchen durften. Diese Kapelle war im Laufe der Zeit für die Besucher viel zu klein geworden, und ein Erweiterungsbau wurde geplant. Mit Rücksicht auf die gegenüberliegende St. Michaeliskirche – Hochburg des Protestantismus – sollte der Bau weit hinten im Garten angelegt werden, um kein Aufsehen zu erregen.[25] Dennoch standen die Zeichen auf Sturm. Da der Senat auf die Forderung der Geistlichkeit, den Weiterbau der Kapelle zu «inhibieren», nur «zögerlich» reagierte, kamen die Prediger des Michel zu einer Konferenz zusammen und schworen:

> «Wir, Senior, Pastores und übrige membra Rev. Min. allhier in Hamburg verbinden uns hiermit im Namen der Hochgelobten Dreieinigkeit alle für einen und einer für alle, daß wir wie bisher in Sachen, eine papistische Capelle betr., damit nämlich in hiesiger Stadt keine gebauet, noch ... das publicum exercitium ihrer Religion gestattet werden möge, einmüthig getan, was redlichen Knechten Gottes und der evangelischen Kirchen eignet und gebühret: also wir ferner darin unzertrennlich fortfahren und alle Wege, die Gott und sein Wort, unser Amt und Gewissen und dieser guten Stadt Fundamentalgesetze an die Hand geben, sammt allen anderen rechtmäßigen Mitteln vorkehren; auch so uns Leiden und Widerwärtigkeit darüber zustoßen sollte, Alles auf uns zu nehmen und keiner sich von dem andern sondern noch ihn verlassen wollen, so wahr uns Gott helfen soll in der letzten Todesstunde.»

Nach diesem «Rütli-Schwur» im Kirchensaal der Großen Michaeliskirche am 7. Juli 1719[26] wurde der Senat wiederum unter massiven Druck gesetzt, endlich zu handeln.

Der Senat nun war in keiner beneidenswerten Lage. Einerseits war er sich bewußt, keine gesetzmäßige Handhabe gegen den Weiterbau besagter Kapelle vorweisen zu können. Auf der anderen Seite konnte und wollte er sich nicht dem Drängen der staatskirchlichen Eiferer entgegenstemmen. So entschloß er sich zu einem Mandat, das allen Andersgläubigen bei Androhung von diversen Strafen nochmals verbot, ihre Religion öffentlich zu praktizieren, ohne dabei allerdings auf das corpus delicti direkt Bezug zu nehmen. Dieses Mandat, an allen Straßenecken angebracht, genügte der fanatisierten Menge aber, nunmehr mit Gewalt das Streitobjekt aus dem Wege zu räumen. Gallois berichtet darüber:

> «So kam es denn, daß am 10. September, Sonntags Morgens nach der Predigt, sich Straßenjungen sammelten und unter Connivenz der aus der Kirche Kommenden des Grafen Metsch (des Gesandten) Haus mit Steinen bewarfen und es gänzlich demolirten, womit sie um 5 Uhr erst fertig wurden. Die Soldaten wurden vom Publikum abgehalten, dem Unwesen zu steuern; Bürgermeister Matfeld versammelte den Rath erst Nachmittags und ließ auch die Miliz antreten; die Bürgerwehr kam gar erst um 8 Uhr zusammen. Am folgenden Tage ward natürlich fleißig patroullirt und zum Überfluß ein Mandat erlassen, nachdem der von den Pfaffen verhetzte Pöbel seinen Zweck vollständig erreicht hatte.»[27]

Die Zerstörung war in der Tat vollständig: Akten wurden vernichtet, Beute an wertvollem Kirchengerät durchs Fenster auf die Straße geworfen (es gibt einen zeitgenössischen Stich darüber), sogar Sträucher und Pflanzen im Garten herausgerissen und schließlich noch die Dachpfannen abgedeckt. Dann formierte sich der Haufen zu einem Demonstrationszug über den Kirchplatz, wobei die Mitglieder der Zünfte mit ihrem Arbeitsgerät auftraten, einige in Nachäffung einer katholischen Prozession sich zerfetzte Meßgewänder vor den Bauch banden und andere «Sancta Maria, ora pro nobis» gröhlten. Am folgenden Tag kam dann der große Katzenjammer. Der Senat entschuldigte sich bei Kaiser Leopold, er sei zutiefst betroffen über den bedauernswerten Zwischenfall. Der Kaiser aber, von Legationssekretär Lampe genauestens über die Situation unterrichtet, verlangte unerbittlich eine Art Canossagang als Sühne. Eine Senatsabordnung unter der Führung von Bürgermeister Sillem sollte nach Wien reisen, dort kniefällig Abbitte leisten und neben Baukostenersatz ein Bußgeld von 200000 Gulden zahlen. Durch Vermittlung des Prinzen Eugen wurde der gedemütigten Hamburger Delegation zwar der Kniefall erlassen und das Bußgeld auf 150000 ermäßigt; aber der Schadensersatz blieb immerhin beträchtlich. Statt eines Wiederaufbaus des zerstörten Hauses am Krayenkamp einigte man sich darauf, daß die Stadt für die kaiserliche Gesandtschaft ein passendes Haus beschaffen sollte, räumlich entfernt von der Michaeliskirche und in der Nähe einer Wache(!). Die Wahl fiel auf das noch heute bestehende Görtzsche Palais am Neuen Wall (neben dem Zeughaus). In der oberen Etage über dem Tor wurde eine Kapelle eingerichtet, die bis 1811 der einzige kirchliche Raum blieb, der den Katholiken in der Hansestadt zur Verfügung stand. Das repräsentative Gebäude blieb jedoch immer Eigentum der Stadt. Es wurde dem Gesandten nur zur Nutzung überlassen, so daß bei einer Vakanz die Stadt jeweils ihr Eigentumsrecht zur Geltung bringen konnte.

Der Schauplatz der beschriebenen unseligen Gewaltaktionen am Krayenkamp hieß übrigens noch bis ins 19. Jahrhundert «Der Katholische Platz». In der topographischen Beschreibung von Heß heißt es dazu:

«In der Mitte des Krayenkamps, in Süden der Kirche, führt eine Pforte zum Katholischen Platz, jetzt Gellerts Platz bezeichnet. Ein unregelmäßiges Viereck, aus einigen Häusern und Ställen bestehend, von welchem man über einige Stuffen und durch Winkelgänge in den großen Bäckergang gelangt.»[28]

Zur Baugeschichte der Großen Michaeliskirche nach der Einweihung 1662 muß noch ergänzend erwähnt werden, daß die Ausgestaltung des Inneren und Äußeren noch einige Jahrzehnte in Anspruch nahm.

Schon 1679 wurde an der Nordseite ein Vorbau ausgeführt, der das bisher fehlende Leichenhaus aufnahm. Er erhielt wenige Jahre später ein Obergeschoß zur Einrichtung eines geräumigen Sitzungssaals für die Kollegien; denn die Garvekammer reichte längst nicht mehr aus. Ein zweites Obergeschoß folgte 1714 zur Erweiterung der Empore für die bessere Unterbringung der Kurrendesänger (nahe der Orgel), von denen einer, wie die Chronik berichtet, leider während der Communion in die Kirche hinabstürzte und an den Folgen starb.

Die ursprünglich relativ kleine Orgel war durch Wurmfraß beschädigt. Arp Schnitger baute für die Kirche 1714 ein neues und größeres Instrument, das allerdings von dem Organisten Lustig wegen seiner «ungewöhnlichen schweren Spielart» getadelt wurde. In der Folgezeit trug man sich ernsthaft mit dem Gedanken, einen gründlichen Umbau vorzunehmen, bis die Brandkatastrophe von 1750 alle weiteren Planungen über den Haufen warf.

Auch mit dem Turm gab es erhebliche Probleme. Wie Faulwasser berichtet[29], erschienen 1671 einige Arbeiter bei dem Turmwächter und begehrten, einer Reparatur wegen in den Helm steigen zu dürfen. Hier rissen sie so viele Kupferplatten los, wie sie tragen konnten, und es gelang ihnen sogar, ungesehen mit ihrer Beute zu entkommen. Der arme Turmwächter Bartelt Böttcher wurde verurteilt, den durch seine Fahrlässigkeit entstandenen Schaden zu ersetzen. Da er aber wegen Mittellosigkeit keine materielle Sühne leisten konnte, wurde er und sein Sohn (Sippenhaft!) ersatzweise gefoltert und später auf mehrere Jahre der Stadt verwiesen.

Auch der immer noch benutzte Kleine Michel zeigte zunehmend Verfallserscheinungen. Im Jahre 1746 glaubte man, die Sicherheit der Kirchenbesucher nicht mehr garantieren zu können, und das Gotteshaus mußte abgerissen werden (1747). Vielleicht hätte man sich doch noch zu einer gründlichen Reparatur durchgerungen[30], wenn man gewußt hätte, daß drei Jahre später der «Große Bruder» in Flammen aufgehen würde!

*7 Kupfervignette aus der Bußpredigt von Pastor Wordenhoff (1750)*

# *Der Michel brennt!*

Am 10. März 1750 herrschte in Hamburg schönes Vorfrühlingswetter. Viele Bürger waren zum Rathaus gezogen, um die Feierlichkeiten anläßlich einer Senatsneuwahl mitzuerleben.
Urplötzlich brach in der Neustadt ein kurzes, aber verheerendes Gewitter aus. Durch Blitzschlag brannte das schöne Gotteshaus in kürzester Zeit lichterloh; nur 89 Jahre nach der Einweihung war es nur noch eine traurige Ruine.
Senior Wagner gab in seiner Bußpredigt wenige Tage später selbst einen Bericht über das schreckliche Unglück:

> «Es zog sich zur ungewöhnlichen Jahreszeit eine Gewitterwolke zusammen. Es geschahe plötzlich, ohngefähr des Mittags gegen eilf Uhr, ein erschrecklicher Blitz, und der traf gleich auf einmal den unteren Rand der Thurmspitze unserer Michaeliskirche, ohne daß es jemand merkte. Es folgte sofort hinterdrein ein fürchterlicher Donnerschlag mit einem so schmetternden Knalle, daß man daraus leicht abnehmen konnte, es müßte der Blitz irgendwo eingeschlagen haben: aber niemand ward doch unter dem zugleich damit verbundenen Sturm, Hagel, Regen und Schnee so eigentlich gewahr, wohin er getroffen. Als dieser einige Blitz geschehen war und den Thurm unvermerkt entzündet und also ausgerichtet, wozu der Herr ihn gesandt, war alles wieder mit einmal stille, ohne daß ein weiterer Blitz oder Donnerschlag erfolgte, und Niemand wußte oder besorgte das Unglück, das uns doch bereits über unserm Haupte schwebte.
> Es verlieffen noch beinahe zwei Stunden, ehe das im Verborgenen anglimmende Feuer in merklichen Dampf oder wirkliche Flammen ausbrach. Und bis dahin wurden allen umherwohnenden oder vorübergehenden Menschen gleichsam die Augen gehalten, daß sie von dem ohne Zweifel schon vorher aus der Thurmspitze gehenden kleinen Rauch nichts gewahr wurden und auch sogar die Person nicht, die noch um 12 Uhr oben im Mauerwerke des Thurms die Betglocke angeschlagen. So bald aber ein und anderer gegen ein Uhr den stärkeren Dampf am Thurm merkte, und man daher eilend hinauf lief, auch die Sturm-Glocke noch eilends anschlug, war das Holz-Werk der Thurmspitze bereits so stark im Brande, daß man auf kein Löschen mehr gedenken konnte, sondern nur, um sein Leben zu retten, wieder vom Thurm herabeilen mußte. Hier geriet nun alles in Schrecken und Entsetzen und war ferner kein Retten da, auch alle menschliche Anstalt vergebens, bis der Thurm und hernach auch die Kirche in Asche lagen. Man mußte aus Furcht vor dem Einsturz des Thurmes

8 *Der Brand von 1750 nach einem Stich v. 1782*

und vor unerträglicher Hitze fast nur von ferne stehen und mit Schrecken und Betrübnis zusehen, wie das vortreffliche Gotteshaus von oben bis unten durch die wüthende Flamme verzehrt ward.

Die hohe Thurmspitze brannte und gab ein betrübtes und fürchterliches Ansehen; aber die Gefahr, womit der nun alle Augenblick zu erwartende Umsturz derselben die nächst umliegenden Häuser bedrohete, setzte alle Einwohner derselben in solche Angst, Winseln und Wehklagen, daß sie keinen andern Rath für sich übrig sahen, als nur eiligst aus ihren Wohnungen zu fliehen und das Ihre zu verlassen, um nur ihr Leben selbst noch als einen Brand aus dem Feuer zu reißen. Und als die Thurmspitze endlich mit fürchterlichem Krachen heruntergestürzt war, so drang oben aus dem noch stehenden Mauerwerke des Thurms durch die wüthende und um sich fressende Glut eine ungeheure Menge von brennenden Kohlen und allerlei entzündeten Materien mit Gewalt hervor, welche der Wind zum grausamen Entsetzen weit und breit über unsere Stadt herumtrib.»

Aus anderen zeitgenössischen Quellen lassen sich ergänzend noch folgende Einzelheiten anmerken:

Nach dem Blitzschlag hatten die Funken nur ein zwei Stunden schwelendes Feuer entzündet, ehe es zur offenen Flamme wurde. Im Nu war der ganze Turm erfaßt. Er knickte in der Mitte zusammen und stürzte mit den schmelzenden Glocken auf das Dach – dieses in Brand setzend – und auf den Kirchhof. Die Spitze war mit Knopf, Fahne und Kreuz noch unversehrt, als darunter alles zusammenbrach. Diese Metallteile des Turms wurden über die ersten Häuser hinweg in den Hof zwischen dem Kirchplatz und der Schlachterstraße[31], geschleudert, ohne Einwohner zu treffen oder Schaden anzurichten. Die oberste hölzerne Turmspitze selbst beschädigte nur die Vorderwand eines Hauses, in dem, wie der Chronist erzählt, noch ein Mädchen verweilte, um etliche Habseligkeiten in Sicherheit zu bringen. Sie konnte über des brennende Hindernis hinwegsteigen und so ihr Leben retten. Die Hauptmasse des Turms fiel mit den glühenden Glocken durch das Dach in das Innere, wo die vielen Holzemporen dem sich rasend ausbreitenden Feuer reichlich Nahrung boten. So verwandelte sich das verbliebene Skelett der Kirche in einen brodelnden, windgepeitschten Feuerkessel, aus dem nichts mehr zu retten war.

Glücklicherweise waren keine Todesopfer zu beklagen, und der Gebäudeschaden in der Umgebung hielt sich in Grenzen, sicherlich auch deswegen, weil durch den Platzregen und Hagelschlag die Dächer in der Nähe der Kirche durchnäßt waren und so die bis in den Neuen Wall fliegenden Funken verglimmen konnten. Lediglich ein paar Stallungen an der Pastorenstraße und drei Häuser an der Ecke Schlachterstraße wurden in Mitleidenschaft gezogen.

Die Trauer um den Verlust der geliebten Kirche ergriff weit über die Neustadt hinaus ganz Hamburg, zumal außer den wertvollen Kirchenschätzen auch die Gräber in den Grabgewölben den Flammen zum Opfer gefallen waren.
Ein beredtes Zeugnis für die allgemeine Anteilnahme an dem Unglück sind die zahlreichen Predigten, graphischen Abbildungen und Medaillenprägungen dieses Jahres. Die entsprechenden Inschriften gipfeln alle in der Mahnung, die Feuersbrunst als Ruf zur Sühne zu werten für die Abkehr von Gott, wie sie etwa zum Ausdruck kommt in den Vignettenbildern aus den Bußpredigten von Pastor Schaub an der Kirche des Pesthofes mit der Darstellung der Brandkatastrophe: «So Hamburg sah vorhin / So brannt Dein Gotteshaus / So stürzt die Glut den Thurm, Beweine den Verlust / Gedenk an dieses Schrekken / So sieht es itzo aus, und laß es Dich zur Furcht vor Deinem Gott erwekken!»
Aus der Fülle von Gelegenheitsgedichten, die nach dem Unglück veröffentlicht wurden, sei das folgende, 1751 anonym erschienene, auszugsweise zitiert. Der Verfasser klagt darüber, daß Hamburg, obwohl von Gott überreichlich gesegnet, seinem Herrn dessen Güte nur mit Undank vergelte, und fährt fort:

Was man nur vor Güter kennet;
Was man Glück und Wohlfarth nennet;
Ward von deiner Vater-Hand
Hamburg reichlich zugewandt.
Wissenschafft und Handlung stiegen.
Glücklich waren jung und alt.
Auch der Arme, voll Vergnügen,
Fand hier seinen Unterhalt.

Will nur jemand in sich kehren;
Will man das Gewissen hören;
Wird man sich gedrungen sehn,
Ja, diß sey von GOtt geschehn.
Trieb uns denn nun das Gewissen,
Auch GOtt zu verehren an?
Ach! daß wir es sagen müssen!
Das hat Hamburg nicht gethan.

Es nahm Reichthum Glück und Segen,
Doch den Ursprung zu erwägen;
Ließ man sträfflich aus der Acht;
An GOtt wurde nicht gedacht.
Lust, Geitz, Hochmuth waren Dinge,
Die man achtungs-würdig fand.
GOtt hingegen gantz geringe,
Und zuletzt gantz unbekandt.

Doch, durch Güte zu gewinnen,
Ließ GOtt Hamburg sich besinnen.
Noch bemühte sich sein Wort;
Noch fuhr Er mit Wohlthun fort.
Doch bey mißgebrauchter Güte
Sah Er nun nicht weiter nach.
Er ward des Erbarmens müde.
Endlich kam der Schreckens-Tag.

Er, der Rächer seiner Spötter,
Kam in einem Donner-Wetter,
Das bey noch so frühem Jahr
Jedem unvermuthend war.
Mehr, als sonst durch viele Schläge,
Ward durch einen Wetterschlag
Itzo Furcht und Schrecken rege,
Da Er aus den Wolcken brach.

Zum besondern Straf-Exempel
Traf der Blitz selbst GOttes Tempel.
Doch blieb bis zum vollen Brand,
Dieses Unglück unbekandt.
Nun rief Dampf und Rauch und Flammen,
Schleunig noch um Hülf und Rath.
Alle Hülffe kam zusammen,
Alles aber war zu spat.

Durch ein kläglich heulend Sausen,
Durch ein hohlend witternd Brausen,
Klagte bey der Flammen Streit,
Sich der Thurm noch selbst das Leid.
Seine Schöne ward verzehret,
Und nun in sich fürchterlich.
Da er sich genung gewehret,
Brach er, sanck und stürtzte sich.

Drauf riß die Gewalt der Flammen
Auch den Tempel selbst zusammen.
Sie brach Cantzel und Altar;
Alles was im Tempel war.
Auch die Gräber in dem Grunde,
Brannten zum Entsetzen aus.
Nach der Zeit von einer Stunde,
Lag das gantze Gottes-Hauß.

Was geschah bey diesem Brande?
GOtt, den man vorhin nicht kannte,
Kam nun dem Gewissen nah.
Nun war GOtt in Hamburg da.
In dem Schreckens-Feuer-Wercke
Wurde seine Hand verspührt.
Man erschrack für seiner Stärcke,
Und war, als vom Blitz gerührt.

Ja, nicht etwa bloß der Christe,
Nein, auch selbst der Atheiste,
Nahm, bestürtzt bey der Gefahr,
Etwas göttliches gewahr.
Er konnt im Gewissen lesen,
Und stund es gedrungen ein,
Es muß ein gerechtes Wesen
Und ein GOtt im Himmel seyn.

GOttes Zorn und dessen Grösse
Zeigte hier auch dem die Blöse,
Der zwar eine Gottheit glaubt,
Doch sich selber Christum raubt.
Dessen Mittler-Amts Verhöhner
Stimmte hier mit Zittern bey,
Daß die Lehre vom Versöhner
Nöthig, wahr und göttlich sey.

So, HErr, so ist dirs gelungen,
So hast du, GOtt uns gezwungen,
So gestehn wir offenbahr:
**HErr! du bist. Dein Wort ist wahr.**
Hamburg, denck an seinen Tempel.
Und du Höchster laß geschehn,
Daß dergleichen Straf-Exempel
Wir niemahlen wieder sehn.

9 *Die zweite Kleine Michaeliskirche von der Nordseite. Die Inschrift bezieht sich auf den Stifter und Mäzen J. C. Voigt (Staatsarchiv). Siehe S. 38/39*

# *Der Wiederaufbau des Kleinen Michels und seine fernere Geschichte*

Der Stolz der Neustadt, die erste Große Michaeliskirche, lag in Schutt und Asche. Was sollte nun geschehen? Auf die kleine Kirche konnte man nicht mehr ausweichen, da diese vier Jahre vorher abgebrochen worden war. Statt zweier Kirchen hatte man jetzt überhaupt keine mehr.

Um erst einmal das Gemeindeleben fortführen zu können, wurden die Gottesdienste zunächst in die nahegelegenen Hl. Geist-Kirche und Maria-Magdalenen-Kirche verlegt.[32]

Der Rat ließ auf dem Groß-Neumarkt ein Holzgerüst von 70 Fuß Höhe anbringen, auf dem die Glocken des ehemaligen Kleinen Michels montiert wurden. Von diesem Ersatzturm aus konnte also der Türmer die Tradition des Choralblasens fortsetzen; dies geschah zweimal am Tag, wie üblich morgens um 10 und abends um 9 Uhr. Auch auf dem Gänsemarkt gab es später so ein Glockentürmchen.

Es versteht sich, daß diese Maßnahmen nur als Interimslösung dienen konnten. Senat, Bürgerschaft und Gemeinde waren sich darüber einig, daß der Große Michel wieder erstehen müsse, und zwar so bald wie möglich. Die gesamte Hamburger Bevölkerung wurde zu Spenden aufgerufen. Auch die Prediger der anderen Kirchen wandten alle ihre rhetorische Geschicklichkeit daran, in diesem Sinne zu wirken. Der Hauptpastor von St. Jacobi z. B., Erdmann Neumeister, schloß seine aufrüttelnde Predigt mit den Ruf: «Heraus, ihr Portugalöser[33], ins Gewehr ihr Dukaten!».

Das Ergebnis übertraf alle Erwartungen. Schon am 19. März – dieser Tag war zum allgemeinen Buß-, Fast- und Bettag erklärt worden – erbrachten die Kirchenkollekten die stolze Summe von 116 627 Courant Mark und 13 Schilling für den Wiederaufbau-Fonds. Dazu hatten übrigens auch Andersgläubige (darunter die in der Neustadt lebenden portugiesischen Juden) beigetragen: ebenso Brüderschaften und Zünfte, wie etwa die «Brüderliche Liebe bei den Schweinekoben».

So konnte schon ein gutes Jahr später, am 29. Juni 1751, die feierliche Grundsteinlegung erfolgen. Die Planung und Bauleitung wurde nach längeren Verhandlungen Prey und Sonnin übertragen.

Gegen Ende des dritten Jahres jedoch geriet der Bau ins Stocken. Die spontane Spendenfreudigkeit unmittelbar nach dem Brand war verständlicherweise im Laufe der Zeit abgekühlt; aus der Spendenflut war ein kärgliches Rinnsal geworden: Die Kassen waren leer. Da sich außerdem zwischen den Baumeistern ein langwieriger Streit über architektonische Einzelheiten entwickelt hatte, kamen die Arbeiten gänzlich zum Erliegen. Die Verantwortlichen suchten verzweifelt nach einem Ausweg aus dem Dilemma. Eines war sicher: Es würden noch viele Jahre vergehen, bis der Traum einer neuen großen Kirche in Erfüllung gehen konnte. Inzwischen mußte etwas geschehen, aber was?

Es mehrten sich schließlich die Stimmen derer, die darauf drängten, der geringeren Kosten wegen zunächst den Kleinen Michel wieder aufzubauen. Aber auch dafür fehlte das Geld.

Der Retter in der Not erschien in der Gestalt eines anonymen Wohltäters, der sich bereit erklärte, aus seinem Besitz der Gemeinde 25 000 Courant Mark zu vermachen unter der Bedingung, daß die zweite Kleine Michaeliskirche innerhalb eines Jahres vollendet sein müsse und die Baukosten den genannten Betrag nicht übersteigen dürften.

Wer war dieser deus ex machina, dessen Identität erst nach seinem Tode im Jahre 1799 bekannt werden sollte?

Es handelte sich um den Kaufmann (und späteren Senator) Joachim Caspar Voigt. Dieser Mäzen war nun keineswegs ein steinreicher Greis, der sich etwa vor seinem Tod schnell noch ein paar Verdienste für den Himmel erwerben wollte. Er war damals erst 34 Jahre alt, und von seinen 14 Kindern waren erst 4 geboren.

Senior Wagner berichtet in seiner Rede bei der Grundsteinlegung über den großherzigen Spender:

> «Es faßte aber endlich eine christliche Person dieser Stadt, dessen Name aber bis jetzo noch verborgen geblieben ist, aus freiem Triebe den Entschluß, diese kleine Kirche wieder erbauen zu lassen ... Sie entdeckte dieses ihr Vorhaben dem Herrn Jacob Bartels, vornehmem Bürger und Goldschmied hierselbst, und ließ es durch ihn dem Kirchenkollegium antragen, nachdem sie auch schon mit dem Baumeister ... Nicolassen in der Stille einen Überschlag mit Kontrakt wegen dieses neuen Kirchenbaues dahin gemacht, daß er ihn mit göttlicher Hilfe binnen Jahr und Tag völlig zustande bringen sollte.»

Freudig willigte das Kirchenkollegium ein. Allerdings bestand es darauf, statt des von Nicolassen vorgesehenen Fachwerk-Baues ein Gebäude mit festem

*10 Längsschnitt durch den Nicolassen Bau*

Mauerwerk und auch etwas größerem Umfang zu errichten. Diesbezügliche Verhandlungen führten schließlich zu einer Einigung, nachdem die Kirchenleitung einen Zuschuß von weiteren 25 000 Mark zum Ausgleich der Mehrkosten bewilligt hatte.

Der Bauplan sah eine schlichte Barockform vor. Die Kirche sollte 150 Fuß lang, 62 Fuß breit und das Mauerwerk 35 Fuß hoch werden (also etwa doppelt so hoch wie ihre Vorgängerin). Die meisten der 18 Eingänge führten zu den Familienlogen bzw. Emporen. Als Fassungsvermögen hatte man 560 Plätze im Kirchenschiff zuzüglich 200 auf den Emporen errechnet; dazu

kamen noch 350 sog. Setzstühle. Schon am 27. August konnte der Grundstein gelegt werden, und am Ende des Jahres war der Rohbau fertig.
Leider griffen in der Folgezeit die Kirchenbehörden mehrfach mit gutgemeinten, aber zeitraubenden und kostentreibenden Änderungsvorschlägen in die Bauarbeiten ein, so z. B. mit der Forderung nach einem Gruftkeller unter der Kirche. Damit wurde sowohl der zeitliche wie auch der finanzielle Rahmen der Planungen gesprengt. Darüber kam es zu einem Eklat. Der Baumeister verlangte vom Kollegium eine Abrechnung für die außerkontraktlichen Mehrleistungen, ebenso Rückzahlungen der von ihm vorgeschossenen Beträge. Die Herren vom Kollegium jedoch schalteten auf stur und verwiesen auf die Verträge. Auch eine Eingabe an den Senat in dieser unerquicklichen Angelegenheit nützte dem mit Recht erbosten Baumeister nichts, trotz «Duplika, Triplika und Quadruplika».
Nach einem weiteren Monat ergebnislosen Wartens verlor Nicolassen schließlich die Geduld. Er griff zur Selbsthilfe, indem er nämlich kurzerhand die Baustelle sperren ließ und nach Hause ging «bis zur Bezahlung seines ihm zustehenden Residui».
Als auch diese radikale Maßnahme immer noch nichts fruchtete, entschloß er sich sogar, an das Reichskammergericht zu appellieren. Nach monatelanger krämerhafter Feilscherei kam von Wetzlar der vorläufige Bescheid: Die Beklagten hätten für vorher nicht vereinbarte Leistungen 12438 Mark zu zahlen und für den Rest eine Kaution zu stellen; der Kläger wurde angewiesen, dafür sofort das Gebäude freizugeben. Aus Furcht vor weiterer Verzögerung – und zusätzlichen Kosten! – schlug der geplagte Baumeister einen Vergleich vor: Wiedereröffnung der Baustelle gegen sofortige Zahlung von 20000 Mark und die Genehmigung einer Kollekte in der ganzen Stadt.
Der Erbauer der neuen Kleinen Michaeliskirche war also gezwungen, mit der Sammelbüchse betteln zu gehen. Die ganze unliebsame Affäre kann also wohl kaum als ein Ruhmesblatt in der Geschichte der Gemeinde gewertet werden, zumal die entstandene Verzögerung in der kontraktlich festgelegten Zeit kaum noch wettgemacht werden konnte. Dieser durch die Umstände erzwungene «Schnellbau» sollte sich später bitter rächen.
Daß es sich nicht etwa dabei um fahrlässigen «Pfusch am Bau» gehandelt haben kann – mithin die Arbeiter nicht schuld daran waren, geht wohl ganz klar aus einer Broschüre des Jahres 1755 hervor mit dem Titel: «Ganz genaue Zeitrechnung von der Wiederaufbauung der Kleinen Michaeliskirche vom Anfange bis zu der Zeit, da der Krantz, nebst Knopf und Flügel auf derselben gesetzet worden». Darin findet sich folgende gewissenhafte Aufstellung:

«Vom 23. Julii, da der Anfang zu mauren gemacht worden, bis zum 30sten December, da man den Krantz aufgesetzet, sind überhaupt, wann alle Sonn- und Festtage mitgerechnet werden ... 161 Tage.

| | |
|---|---|
| Hievon werden nun die Sonntäge abgerechnet, nemlich | 22 Tage |
| Die Festtage machen aus | 7 Tage |
| Die Zeit, da man wegen schlechter Witterung nicht arbeiten konnte | 2 Tage |
| Macht also, da nicht gearbeitet worden | 31 Tage |

Also sind die Arbeitstage gewesen 18 Wochen u. 4 Tage = 130 Tage.
Es muß allen Werk-Leuten, so an diesen Kirchenbau bisher gearbeitet, zum besonderen Ruhm gereichen, daß sie an keinen heil. Abend und sog. Kinder-Tage, noch auch an keinen Glockenschlag, vielweniger an spöttische Reden: Ob sie Sclaven werden wollten? gebunden, sondern des Morgens frühe und des Abends späte mit allem Fleiß und ohne Zank gearbeitet haben. Auch hat man billig die gnädige Vorsorge Gottes hoch zu preisen Ursache, daß Niemand, außer einer Person, etwas, jedoch ohne schlimme Folge, beschädigt worden.»

Die feierliche Einweihung der neuen Kirche am 14. Juni 1757, anderthalb Jahre nach der Vollendung des Bauwerks, wurde zu einem Gala-Ereignis für die Neustadt. Um den ordnungsmäßigen Ablauf der Feierlichkeiten zu gewährleisten, gab der Senat eine spezielle «Verkehrsordnung» heraus, mit folgendem Wortlaut:

«Notification! Demnach zur feyerlichen Einweihung der Kleinen Michaelis Kirche der bevorstehende Dienstag, als den 14. dieses Monats, bestimmet worden: so hat man, wegen der häuffigen Kutschen, guter Ordnung halber, die Veranstaltung zu machen für nötig gefunden, daß die dorthin fahrende Kutscher insgesamt nicht anders, als entweder durch die kleine Gasse, gegen Constantin[34] über, der Herrengraben genannt, oder auch von dem Theilfelde her, die Herrschaften vor der kleinen Kirche absetzen, und sodann ledig nach der Gegend von der Mühlen-, Elbe- oder Schlachterstraße fahren sollen; wie denn auch diejenige Kutschen, welche Herrschaften vor dem Schulhause absetzen, nicht umzukehren, sondern über dem Theilfelde ihren Rückweg zu nehmen haben. Nach geendigtem actu müssen alle Kutschen von der neuen Kirche herunter fahren, und den Herrengraben oder Theilfeld passieren; diejenigen aber, deren Herrschaften in der Schule sind, müssen von Theilfelde ab, entweder nach der Schaarthorsbrücke, oder nach Constantinus sich wenden, und sollen von Constantinus her sodann keine Wagen überall zugelassen werden. Welches hiemit zu jedermanns Wissenschaft und Gelebung bekannt gemacht wird. Conclusum in Senatu, Hamburgensi d. 3. Junii Anno 1757.» (Die Ellernthorsbrücke wurde also zur Einbahnstraße erklärt.)

So konnte die Einweihungsfeier programmgemäß am 14. Juni vonstatten gehen. Von der Paßmannschen Schule (als Armenschule 1683 gegründet) nahe der Kirche zum Teilfeld hin bewegte sich die Prozession zur Pforte, wo der Baumeister mit seinen Handwerkern bereitstand, die erlauchte Festgemeinde willkommen zu heißen. Dragoner unter ihrem Kapitän sowie Fußsoldaten und Reitendiener des Senats und 15 «Hauerlakaien» sorgten dafür, daß die obige «Verkehrsordnung» der Obrigkeit eingehalten wurde. Zutritt wurde nur Personen gewährt, die einen Sonderausweis präsentieren konnten. In der ersten Sitzung der Beede[35] wurde beschlossen, jedem Handwerksmeister, der am Bau beteiligt gewesen war, einen Dukaten auszuhändigen. Nicolassen sollte nicht nur auf Lebenszeit zwei Freiplätze im neuen Gotteshaus erhalten, sondern auch ein Spenden-Subskriptionsbuch, in dem die dankbare Gemeinde als ersten Eintrag den Betrag von 100 Thalern zeichnete. Die Sammlung erbrachte allerdings nur im ganzen die Summe von 9059 Mark.

Im Grundriß der Kirche war ein stützenfreier Predigtraum mit organischer Einordnung des Gestühls und der Emporen vorgesehen. Die Kanzel, als symbolische Mitte des Gottesdienstes (Predigt), erhielt einen dominierenden Platz im oberen Teil des Hochaltars. Die für die Stützung der Emporen notwendigen Tragepfosten sollten, des Gesamteindrucks wegen, grazil-leicht gehalten werden. Darum wurden sie auch nicht durch die Decke hindurch geführt, wie es zur Stützung des Turms eigentlich notwendig gewesen wäre. Auch die Dachkonstruktion mit ihrem zierlichen Strebensystem erwies sich schon bald den Belastungen nicht gewachsen. Gefährliche Schwingungen, durch Wind und Glockenläuten hervorgerufen, bewirkten ein Absacken des Turms. Der Einbau von Horizontalschwellen zur Abstützung im Jahre 1764 konnte die Gefahr nicht bannen; 1785 mußte die große Glocke, die schon vorher nicht mehr geläutet werden durfte, endgültig aus Sicherheitsgründen entfernt werden. Auch die Orgel war durch das Absacken des Turms in Mitleidenschaft gezogen worden; umfangreiche Reparaturen erfolgten von 1767 bis 1788. 1806 mußte schließlich auch ein größerer Dachschaden behoben werden.

# *Die Franzosenzeit*

Zu Beginn des 19. Jahrhunderts zogen am politischen Horizont schwere Gewitterwolken auf. Napoleon war im Anzug. Sein Siegesmarsch durch Europa schien unaufhaltbar. Auch Hamburg sollte von den Truppen des korsischen Eroberers nicht verschont bleiben.
Nach der Niederlage Blüchers bei Jena und der Einnahme Lübecks im November 1806 – Blücher hatte kapitulieren müssen, weil er «weder Munition, noch Brod, noch Fourage» gehabt habe – hieß es für die verängstigten Hamburger: Napoleon ante portas!
Der Befehlshaber der anrückenden Truppen sandte von Bergedorf aus dem Senat eine höfliche Ankündigung des Inhalts, er sei im Begriff, im Namen seines Kaisers Besitz von der Stadt Hamburg zu nehmen; dies brauche aber weiter kein Grund zur Aufregung zu sein, niemandem werde ein Haar gekrümmt. Die Botschaft endete: «Nehmen Sie die Versicherung meiner ausgezeichnesten Hochachtung», gez. Ed. Mortier Marschall.
Der Senat empfing die am 19. November einmarschierenden Truppen nun nicht gerade mit Blumen, Brot und Salz, schickte aber andererseits die ohnehin nicht nach martialischen Lorbeeren dürstende heimische Streitmacht keineswegs in ein unnütz erscheinendes Schlachtgetümmel. Die fremden Soldaten waren zunächst keine Franzosen, sondern italienische und holländische Verbände. Später erst wurden sie durch französische Einheiten ersetzt. Im Sommer rückte auch ein spanisches Kontingent ein, das mit seinen bunten Uniformen und lustigem Tsching-Bum und Trara den Bürgern der Stadt nicht übel gefiel, zumal die einzelnen Soldaten sich als menschlich sympathisch und diszipliniert erwiesen.
Und diese Soldaten brauchten eine Kirche für ihre Gottesdienste. Sie hatten erst einmal notgedrungenerweise im Freien, so z. B. auf dem Groß-Neumarkt, die Messe gefeiert und ersuchten nun die kirchlichen Behörden um Überlassung eines Gotteshauses.
Und damit beginnt ein neues Kapitel in der Geschichte des Kleinen Michels.

11 *Der Kleine Michel mit seiner Umgebung nach einer Lith. v. P. Suhr (Staatsarchiv)*

Das Kirchenkollegium war verständlicherweise nicht gerade erbaut darüber, eine seiner Kirchen dem ungeliebten katholischen Gottesdienst überlassen zu müssen.
Im März 1808 wurden die spanischen Regimenter aus Hamburg abgezogen und durch französische ersetzt. Damit begann auch ein strengeres Regiment. Die französische Besatzungsmacht requirierte einfach den Kleinen Michel zunächst für das Militär, und am 11. März 1811 – inzwischen war Hamburg eine «bonne ville» des französischen Kaiserreiches geworden – verfügte der «Präfekt der Elbmündungen», daß der katholische Gottesdienst für alle Bürger dieses Glaubens von der Kapelle in der Kaiserlichen Gesandtschaft am Neuen Wall permanent in die Kleine Michaeliskirche verlegt werde. So lautete die amtliche Bekanntmachung in den «Wöchentlichen gemeinnützigen Nachrichten von und für Hamburg» vom 20. März.
Am 17. März hatte dort die letzte protestantische Predigt stattgefunden. Diese Predigt liegt gedruckt vor.[36] Nach dem homiletischen Teil («Wer nicht mit mir ist, der ist wider mich») widmet Pastor Tonnies noch einige persönliche Worte des Abschieds an seine Zuhörer, die verdienen, im Wortlaut festgehalten zu werden, weil aus ihnen eine Gesinnung der Versöhnung und wahrhaft

christlichen Toleranz leuchtet, die verheißungsvoll in eine vielleicht erst geahnte ökumenische Zukunft weist. Statt verbittert die Konfiszierung seiner Kirche durch die Besatzungsbehörden zu beklagen, was menschlich durchaus verständlich gewesen wäre, ruft er seiner Gemeinde zum Abschied zu:

> «Warum sollen wir uns von diesem geweihten Tempel trennen? Wir sollen und müssen ihn verlassen, um ihn unsern Brüdern zu übergeben, auf daß auch sie ein größeres Bethaus haben wie bisher, um unseren und ihren Gott, um unsern und ihren Heiland auch öffentlich anzubeten und zu verehren.
> Euch allen, die Ihr Euch so gerne hier versammletet, um erbaut zu werden und aus dem Worte des Lebens, um an diesem Altar des Unterpfand der künftigen Seligheit zu empfangen, Euch Allen, die Ihr eine stille Thräne, bey dieser Trennung, mit mir weint, Euch Allen sey es denn eine große Beruhigung, daß dies Haus des Herrn welches nun schon vierundfünfzig Jahre zu unserem Gottesdienst geweihet war, daß dies Haus ein Gotteshaus bleiben wird.»

Am darauf folgenden Sonntag schon erfolgte die Einweihung nach katholischem Ritus mit einer feierlichen Messe durch Dominicus Wigand.
Für kurze Zeit wurde die kleine Kirche vom Glanz des Kaiserreiches erhellt. Zu den Nationalfesten der Franzosen war der Kleine Michel Mittelpunkt pompöser kirchlicher Feiern, so etwa am Geburtstag von Napoleons Sohn, dem «König von Rom». Da hierzu entsprechend kostbare liturgische Gewänder und Paramente fehlten, ließen die neuen Machthaber alles Nötige kurzerhand aus der Sakristei des Kölner Doms «beschaffen».
Die kleine katholische Gemeinde, bisher eher unterdrückt als geduldet, war verständlicherweise froh, endlich ein eigenes Gotteshaus zu besitzen und unter dem Schutz der Behörden zu stehen. Andererseits war ihnen die Fremdherrschaft genauso verhaßt wie ihren anderen Mitbürgern. Als nach der Bekanntmachung des Rückzugs Napoleons aus Moskau die Franzosen am 12. März 1813 die Stadt verließen und am 18. März die Kosaken unter General Tettenborn als Befreier einrückten, freuten sie sich mit der gesamten Bevölkerung ebenso darüber, wie sie wenige Monate später, wie alle anderen Bürger, zu leiden hatten unter der Schreckensherrschaft der am 30. Mai nach einem Bombardement zurückgekehrten Franzosen unter Marschall Davoust. Von allen Kirchen der Stadt, auch der Kleine Michel nicht ausgenommen, mußte ein Dekret verlesen werden, in dem die Untreue gegen Napoleon reumütig zum Ausdruck kam.
Ende des Jahres grassierte ein bösartiger Typhus, das sog. Hospitalfieber, in der Stadt, dem auch alle drei Seelsorger des Kleinen Michels während der Krankenpflege zum Opfer fielen.
Nach der endgültigen Befreiung vom französischen Joch im Mai 1814 verbes-

serten sich im Zuge der allgemeinen Entspannung auch die Beziehungen der Konfessionen untereinander merklich. Gemäß einem Senatsdekret vom 16.12.1819 wurden jetzt auch Nicht-Lutheraner zu öffentlichen Ämtern zugelassen.

Zunächst blieben auch die Katholiken unter stillschweigender Duldung der evangelischen Kollegien im Besitz des Kleinen Michels. 1821 allerdings drohte es in dieser Sache zu einem Streit zu kommen. Die Große Michaelisgemeinde forderte nämlich ein Stück des Kirchhofs am Kleinen Michel für ihre eigene Nutzung zurück, da ihr ja eigentlich das ganze Grundstück gehöre, das seinerzeit unrechtmäßig von den Franzosen requiriert worden sei. Im Laufe der Auseinandersetzungen forderte der Oberalte Möller sogar die Rückgabe des ganzen Komplexes an die rechtmäßigen Eigentümer. Rein juristisch gesehen war die Forderung nicht unbillig. Jedoch wiesen die katholischen Seelsorger in einer Eingabe an den Senat darauf hin, daß man einerseits während der vergangenen Kriegswirren in Holland, Preußen und anderswo den Katholiken zugefallene Kirchen seit dem Frieden nicht den ehemaligen Eigentümern zurückgegeben habe, wie man andererseits den Protestanten zugesprochene Gotteshäuser (etwa im Westphälischen) später nicht wieder «umfunktioniert» habe.

Auf beiden Seiten war man Gott sei Dank nicht an einer Fehde interessiert und suchte einen Vergleich. Zunächst bot die katholische Gemeinde der Beede des Großen Michels als Ausgleich eine Summe von 5000 Mark an, die der Vermittler, Bürgermeister Bartelt, aber für unzureichend hielt und dafür eine jährliche Rente von 600 Mark vorschlug. Dies wies die Gegenseite jedoch zurück mit dem Hinweis auf den kläglichen baulichen Zustand ihrer Kirche und die daraus folgende Belastung ihres Etats auf Jahre hinaus. Dies erschien dem Senat nicht unberechtigt, und er veranlaßte einen diesbezüglichen Kostenanschlag, der dann auf 20000 Courant Mark berechnet wurde.

Auf der Grundlage dieser Daten erarbeitete man in den folgenden Verhandlungen eine recht brauchbare Lösung, etwa nach dem Muster jenes Dekrets von 1647, das die Trennung der ersten Großen Michaeliskirche von der Mutterkirche St. Nicolai vertraglich festgelegt hatte.

Danach beschlossen Senat und Bürgerschaft am 21. Oktober 1824, den Protestanten die Kleine Michaeliskirche für 30000 Mark abzukaufen. Das somit erworbene Eigentum des Staates wurde dann der katholischen Gemeinde zum endgültigen Besitztum übergeben gegen Zahlung eines symbolischen Preises von 5000 Mark. Das Überlassungsdekret vom 21. Januar 1825 lautet (gekürzt):

«1) Die verordnete löbliche Kämmerei tritt der römisch-katholischen Gemeinde die kleine Kirche St. Michaelis mit dem Teile des Kirchhofes, welcher der diesem Kontrakt angeheftete Grundriß in sich begreift, gegen die weiter unten zu nennende Überlassungssumme für so lange zum Eigentume ab, als sich die katholische Gemeinde einer auf diesem Platze stehenden Kirche zu ihren gottesdienstlichen Versammlungen bedienen wird.
2) Mit Ausnahme einer auf Kosten der römisch-katholischen Gemeinde, im Osten, hinter dem Altare einzubauenden Sakristei, darf kein Gebäude irgend einer Art auf dem Kirchhofe errichtet, noch auch die Kirche und der Turm selbst nach irgend einer Seite erweitert oder erhöht werden – sowie auch keine Toten weder in den Gewölben der Kirche noch auch auf dem Kirchhofe beerdigt werden.
3) Die Vorsteher der römisch-katholischen Gemeinde akzeptieren die Abtretung und wollen auch 5000 Mark Bank an die löbliche Kämmerei bezahlen. Sie machen sich auch für sich und ihre Nachfolger verbindlich, falls die Kirche jemals aufhören sollte, zu dem gedachten Zwecke benutzt zu werden, dieselbe unentgeltlich an den Staat zurückzugeben.» Actum Hamburgi, 1. Febr. 1825.[37]

Nun, da die Besitzverhältnisse endgültig geklärt waren, konnte man daran denken, die so lange vernachlässigten Instandsetzungsarbeiten durchzuführen. Die schon mehrfach erwähnte «Schnellbauweise» von Nicolassen hatte nach kaum 70 Jahren dazu geführt, daß Reparaturen, die, wie es im Protokoll hieß, «fast einem Neubau gleichkamen», unerläßlich wurden.
Der mit einer Schadensanalyse beauftragte Prof. Fersenfeldt, der Erbauer des Jacobiturms, konnte der besorgten Gemeinde nicht viel Gutes berichten: Die Fundamente zu schwach, Außenmauern gesunken, Turmspitze zur Seite neigend, Mauern durch Feuchtigkeit zerfressen.
Die Wiederherstellung der Kirche, im April 1829 begonnen, mußte wegen des strengen Winters monatelang unterbrochen werden. Als endlich im Juli 1831 das Werk vollendet war, konnte in der Festpredigt mit Dankbarkeit registriert werden, daß sich auch die benachbarte Große Michaelis-Kirchengemeinde mit einer namhaften Summe an den Wiederaufbaukosten beteiligt hatte, nämlich mit 9080 Mark, während die, allerdings kleine, katholische Gemeinde nur 3380 Mark hatte aufbringen können. Das war ein verheißungsvolles Zeichen für die sich anbahnende ökumenische Versöhnung.
Die Renovierungsarbeiten im Inneren zogen sich mehrere Jahrzehnte hin. Der katholischen Auffassung entsprechend, daß ein Prediger wohl nicht sozusagen mit den Füßen über dem Tabernakel als Aufbewahrungsort des Allerheiligsten stehen könne, versetzte man die Kanzel zunächst von der Mitte des Altars an die Ecke des nördlichen Emporenbaues.[38] Da sich damit nicht wenige Zuhörer mit dem Rücken zur Kanzel befanden, wurde ein Teil der nun

nicht mehr benötigten Emporen entfernt; sie waren seinerzeit nach dem Brand von 1750 notwendig gewesen, um möglichst vielen «verwaisten» Michaeliten Platz zu gewähren. Schließlich wurden die Emporen an beiden Seiten ganz abgerissen; dies gab den Blick auf das Gewölbe frei und verstärkte den Lichteinfall durch die Fenster; der Innenraum wurde licht und hell. Die nunmehr zwecklos gewordenen kleineren Seitentüren und die zu den Emporen führenden Eingangstüren konnten zugemauert werden. Als mit der Einrichtung bzw. der Renovierung der Beichtstühle, der Aufstellung neuer Bänke und der endgültigen Plazierung der Kanzel an die nunmehr freie Nordwand 1857 die Umarbeiten ihren vorläufigen Abschluß gefunden hatten, war vom früheren Kleinen Michel fast nur noch der Außenbau geblieben.
Bis zur Jahrhundertwende mußten dann noch geringere Verbesserungen durchgeführt werden, wie etwa die Erneuerung des Stuckgewölbes und der Einbau von neuen Fenstern. Beim Verblenden der Außenmauern erhielt die Westfront leider einen nicht stilgerechten Giebelabschluß. Im wesentlichen blieb das äußere Erscheinungsbild des Kleinen Michels bis in die letzten Tage des Zweiten Weltkrieges erhalten. Am 11. März 1945 fielen Kirche und Pfarrhaus einem Bombenangriff zum Opfer. Die Gemeinde fand zunächst eine Notunterkunft in der Schwesternkapelle Pastorenstraße 3 und später in der Turnhalle der Schule Michaelisstraße 9.
Der Wiederaufbau begann mit der Grundsteinlegung 1952. Er wurde zu einem deutsch-französischen Gemeinschaftswerk. Nach Plänen des Hamburger Architekten G. Kamps in Zusammenarbeit mit dem französischen Staatsarchitekten Charles Moreaux erstand in zweijähriger Arbeit ein neues Gotteshaus in klassizistischem Stil mit einem Turm in Campanile-Form. Die Baukosten wurden etwa zur Hälfte von den Katholiken Frankreichs aufgebracht, eingedenk der Tatsache, daß Frankreich unter Napoleon eine entscheidende Rolle in der Geschichte der Kirche gespielt hatte.[39]
Aus diesem Grunde war Frankreich auch drei Jahre später bei der feierlichen Einweihung des neuen Kleinen Michels mit Diplomaten und anderen hochgestellten Persönlichkeiten vertreten. Anwesend waren u. a. der Sonderbeauftragte des französischen Botschafters, der Generalkonsul in Hamburg und Mitglieder der Academie Francaise.
Das Hochamt wurde zelebriert unter Assistenz der früheren Kapläne von Bischof Msgr. Claude Flusin aus der Diözese St. Claude Lons-le-Saulnier, übrigens in den gleichen liturgischen Gewändern und mit den gleichen kostbaren Geräten, die Napoleon vor 150 Jahren aus dem Kölner Domschatz hatte herbeiholen lassen.

12 Zeitgenössische Karikatur der fünf Hauptkirchen zur Zeit der Turmerneuerung von St. Jacobi (ca. 1830)

Weihbischof Johannes von Rudloff nannte die Feier auch ein Fest brüderlicher Vereinigung, da außer den französischen Gästen auch der Nachbar von gegenüber, der Altlandesbischof Dr. Simon Schöffel von der Großen Michaeliskirche, zum Gratulieren erschienen war. Man darf sicherlich den über dem Hauptportal eingemeißelten Spruch als verheißungsvolles Symbol auffassen für die in wechselvoller Geschichte – durch sehr schwierige Episoden hindurch – gewachsene brüderliche Verbundenheit der Christen in der Neustadt und darüber hinaus.
Der Spruch lautet nämlich: «Servate unitatem spiritus in vinculo pacis», also: «Bewahret die Einheit des Geistes durch das Band des Friedens».
In diesem Zusammenhang soll am Rande bemerkt werden, daß der wechselseitige Wunsch nach Harmonie zwischen den beiden «Micheln» auch in kleinen Alltagsereignissen zum Ausdruck kam, die zwar nicht für Schlagzeilen sorgten, aber doch sinnbildlich bezeichnend sind. Als nämlich die Glocken für den Kleinen Michel in Auftrag gegeben werden sollten, schrieb der kirchenmusikalische Beauftragte des Bistums Osnabrück auf Anfrage an die Glockengießerei F. Otto in Bremen-Hemelingen:

> «... teile ich Ihnen mit, daß ich für das Geläute der Kl. Michaeliskirche in Hamburg die Tonfolge e-g-a-c für sehr geeignet halte. Sie enthält das Te-Deum-Motiv e-g-a sowohl als auch das Gloria-Motiv g-a-c. Diese Tonfolge ist gut abgestimmt auf das Geläute der benachbarten Großen Michaeliskirche, dessen Tonfolge a-c-d-(f) Sie mir telefonisch durchgeben. Der Kirchenvorstand kann zu der Tonfolge e-g-a-c ohne Bedenken seine Zustimmung geben. 8.1.1959.»

*13 Der Große und der Kleine Michel (St. Ansgar) heute. (Foto: Höflich)*

# *Die neue (zweite) Große Michaeliskirche – Bau und Geschichte bis 1906*

Als nach der Brandkatastrophe von 1750 während der dreijährigen Unterbrechung der schon begonnenen Wiederaufbauarbeiten als Interimslösung zunächst der Neubau des Kleinen Michels vorangetrieben und schließlich 1754 vollendet war, konnte man ernsthaft daran gehen, die Arbeiten für den Neubau der Großen Michaeliskirche wiederaufzunehmen.
Wie schon erwähnt, waren für die Planung und Ausführung Johann Leonhard Prey sowie Ernst Georg Sonnin ausgewählt worden.
Um die Ausgangssituation beim Baubeginn und die während des Baues auftretenden Schwierigkeiten verstehen zu können, muß man sich zunächst eine Vorstellung machen von diesen beiden, in Anlagen und Charakter so verschiedenartigen Persönlichkeiten.
Prey, von Haus aus Steinmetzmeister, erschien den Behörden durch seine bekannt gewordenen Arbeiten in Wien, Kopenhagen und Dresden als qualifiziert genug, um für den Posten als Baumeister in die engere Wahl zu kommen. Seit seiner Umsiedlung nach Hamburg hatte er außer der Dreifaltigkeitskirche in der Vorstadt St. Georg auch die Kirche zu Osten an der Oste im Lande Kehdingen erbaut (1745/46). Er galt damit schon damals als «berühmter hamburgischer Architekt», den der Hamburger Senat 1748 auch für die Gestaltung seiner in Amsterdam zu bauenden repräsentativen Admiralitätsjacht verpflichtet hatte. Auch der Bau des Hauptpastorats von St. Katharinen war sein Werk. Allerdings war der Baumeister in spe für das Groß-Projekt Michaeliskirche bezüglich seiner beruflichen Eignung nicht unumstritten. 1746 hatte nämlich der Bauhof mit ihm nicht gerade die besten Erfahrungen gemacht. Prey sollte im Auftrag der Behörde die Schadhaftigkeit der Steintorbrücke untersuchen. Nach getaner Arbeit ließ er sich, im Vertrauen auf die Rückendeckung seitens des Bürgermeisters Poppe, der ihm wohlgesonnen war, dazu hinreißen, ohne ausdrückliche Genehmigung die Schäden eigenmächtig zu beheben.
Dazu das Bauhofprotokoll vom 14. Juli 1749:

(H. Schoettering als Präses berichtet), «er sei mit anderen Herren, u. a. Zimmer- und Maurermeistern nebst Abraham Beyer mit der Schuyte dahin gefahren, um den Schaden zu besichtigen», und fährt fort: «Wie ich aus dem Hause treten will, so kommt mir Beyer entgegen und berichtet: daß heute Frühe der Steinmetz Prey mit zwei von seinen Leuten daselbst schon Posto gefasset und Possesion genommen; welche in der Mitte der Brücke schon gruben. Ich entstellete mich und eylete nach der Schuyte, um meine Herren Collegen davon Nachricht zu geben. Die waren gleichfalls darüber sehr verwundert. Es wurde beliebet, demohngeachtet hinanzufahren. Wir trafen die Arbeits Leute in voller Arbeit an. Frageten: wer ihnen das befohlen. Sie antworteten: Prey; der hatte ordre dazu gehabt von dem Herrn Syndico Klefecker vermöge Commissorium. Wir sahen einander an und könten nicht begreifen, wie es möglich, daß Comissoria contra Commissorium Könte abgegeben werden: als welches wohl niemals geschehen, wir frageten weiter: wie weit sie graben sollten? Rp. in die drey mittelsten Joche. Wie wir alles besehen hatten, fuhren wir hinaus nach St. Georg und besahen die Pfählewand: welche wir sehr schlecht befunden. Noch am selben Abend ... berichtete ich, wie wir begegnet und beschimpfet worden und wie wir mit der langen Nase abziehen müßten. Es wäre ja dadurch unser Commissorium entkräftet worden, mithin hätte es das Ansehen gewonnen, daß wir in der Stadt mehr als einen Bau Hoff haben müßten ... Wir sollten unser videtur schriftlich von uns geben; aber als dann könte Prey mit unserm Kalbe pflügen. Würden jedoch wissen uns retirée zu halten und zuvor absehen, was Prey als ein Steinmetz für Künste könte. Wenn er den Raths Mauer Meister Schultz als ein guter architect nicht zur Seite hätte, würde man sich von ihm, als der bekandlich kein wahrer architect ist, wenig nutzbahres versprechen können usw.»[40]

Die zuständigen Behörden waren also Prey gegenüber recht kritisch. Dieser hatte auch eine Reihe von persönlichen Gegnern, natürlich hauptsächlich aus dem Kreis der Gönner Sonnins, der ihn als Fachmann seiner Zunft nicht sonderlich schätzte. So schreibt er einmal mit Anspielung auf seinen Kollegen, es gäbe in Hamburg zwei neumodische liederliche Kirchen, die baufällig seien vor der Einweihung. Sie reißen im ersten Jahr, bersten im zweiten und müssen im dritten mit Strebepfeilern gestützt werden. Von dieser Art sei die Kirche zu St. Georg und die kleine Michaeliskirche.

Wer nun war dieser selbstbewußte Ernst Georg Sonnin, der, so muß man schon fast sagen, dazu verurteilt werden sollte, zusammen mit einem «Anti-Kollegen» die neue Große Michaeliskirche bauen zu müssen?

1713 zu Quitzow bei Perleberg als zweitältestes Kind eines Pastors geboren, besucht er nach des Vaters Tod 1721 das Gymnasium in Altona, wohnt bei seinem Gönner, dem Töpfermeister Behn daselbst, mit dessen Lehrling Cord Michael Möller er Freundschaft schließt. Die Begabung seines jungen Freundes für Kachelmalerei und Zeichnen kommt den technischen Neigungen des

Pastorensohnes entgegen. Als Sonnin zum Universitätsstudium nach Halle abreist, rüstet Möller ihn aus «mit Kleidungsstücken, Wäsche und Degen». Nach dem Studium von Theologie, Philosophie und Mathematik kehrt er 1730 nach Hamburg zurück nimmt endgültig Abschied von der Theologie. Unmittelbarer Anlaß schien seine prinzipielle Abneigung zu sein, einen Eid zu leisten (eine Haltung, die ihn auch später immer wieder zögern ließ, das Hamburger Bürgerrecht zu erwerben). Wieder Wohngemeinschaft mit seinem Freund Möller. Privatunterricht in Latein und Mathematik. Entwickelt sich zum passionierten Super-Tüftler, konstruiert Wasser-Uhren, Himmelskugeln, parabolische Leuchtspiegel, Nivelliermaschinen, ja sogar einen Theodoliten, der in einen Spazierstock paßt.[41] Freunde überreden ihn dazu, es doch einmal mit der Architektur zu versuchen. Er willigt ein und produziert mit 40 Jahren sein opus primum: für Pieter de Voß ein neues Brauereigebäude auf der Großen Brauerstraße 32 in Altona.
So standen die Dinge, als im Jahre 1750 der erste Große Michel in Flammen aufging.
Nach der Räumung des Kirchplatzes und dem Verkauf des gesammelten Kupfers suchten die Beamten des Bauhofs erst einmal nach Gutachtern, die in der Lage sein sollten zu entscheiden, ob man die Ruinen noch nützen könne oder ob man von Grund auf neu beginnen müsse. Verschiedene Fachleute wurden zu Rate gezogen, außer Prey, der schon am 6. April sein Gutachten lieferte, u. a. Generallt. Pauli und Maurermeister Neumann aus Berlin. Schließlich lud man auch noch den frischgebackenen Architekten Sonnin ein, sein Urteil abzugeben.
Dieser Auftrag gab ihm sogleich Gelegenheit, seine Begabung zu demonstrieren. Entgegen den Vorschlägen seines Mitbewerbers Prey, der für eine Wiederbenutzung der alten Kirchenmauer durch Verstärkung eintrat, plädierte Sonnin für einen vollständigen Abbruch und schlug vor, am Fundament Pfähle einzurammen, weil «unter dem Turmgrund 6 Fuß Triebsand sei und dann erst der schönste Lehm komme, daher der Grund von allen Schieben nach Außen bewahrt werden müsse». Sonnin konnte die zuständigen Gremien von den Vorzügen seines Planes überzeugen. Als er auch noch sein technisches Geschick an den Tag legte mit einer eigenen Erfindung zum Niederreißen der Mauerreste – es handelte sich um eine ausgeklügelte Hebelvorrichtung –, hatte er sich als Bewerber um die Stellung als Baumeister in die vorderste Reihe gespielt.
Die konservativen Behördenvertreter, ohne Gespür für die genialen Ideen Sonnins, versuchten zunächst noch einmal, dem «Amateur» Sonnin Steine in

den Weg zu legen. So etwa der Bürgermeister Widow als Patron der Kirche: der Mann habe ja überhaupt keine Erfahrung, da er «nichts Rechtes an Gebäuden bisher aufgeführt». Man könne einer solchen Person einen so wichtigen Bau nicht allein anvertrauen, man überlasse ja auch z. B. «einen importanten Prozeß nicht jemandem, der nicht in der Advocatur geübet» sei. Dieser Einwurf bewirkte immerhin, daß Sonnin nicht allein zum Bauherrn ernannt wurde; es wurde beschlossen, daß er und Prey «konjunctim das ganze Werk ausführen sollten». Die aus fünf Senatoren und 15 Bürgern gewählte Baudeputation übernahm die Oberaufsicht über das gesamte Projekt. Nach ihrer Weisung sollte die Leitung des Baues wöchentlich rotieren. Die Zusammenarbeit zwischen den beiden Baumeistern war unbefriedigend, zumal Prey die allgemein wissenschaftlich-technische Überlegenheit seines Kollegen nur zögernd anerkennen konnte oder wollte, und Sonnin seinerseits des öfteren mit seinem Dickkopf alle seine Ideen durchzusetzen entschlossen war, wofür er behördlicherseits mehrere Male einen Verweis einstecken mußte.
Einig waren sich die beiden Baumeister über das Grundkonzept: Es sollte statt eines Langhauses (im Gegensatz zum alten Corbinus-Bau) eine Kreuzkirche entstehen unter Beibehaltung der früheren Abmessungen.
Im März 1751 legten die Baumeister die ersten Pläne vor. Reinke, der Schüler Sonnins und sein späterer Biograph, vertrat die Ansicht, sein Meister sei der eigentliche Vater der Planung – Prey war zur Zeit der Vorlage der Entwürfe verreist. Fest steht jedenfalls, daß Prey in der Folgezeit ebenso aktiv war wie sein Kollege.
Es ist verständlich, daß Reinke als Schüler und Freund Sonnins in seinem Urteil darüber nicht ganz objektiv sein konnte. Lutter hat überzeugend dargestellt, daß Preys Anteil an Planung und Entwurf doch beträchtlich gewichtiger gewesen ist, als man bisher angenommen hatte. Die Verwandtschaft des Großen Michels, so bemerkt Lutter mit Recht, mit der von Prey allein konzipierten und ausgeführten Dreifaltigkeitskirche in St. Georg sei viel zu groß, um ihn als geistigen Mitgestalter der Großen Michaeliskirche in den Hintergrund drängen zu können und Sonnin dafür allein auf den Schild zu heben, da dieser bis dahin überhaupt noch keinen nennenswerten Bau habe vorweisen können. Sicherlich hatte Sonnin auf Grund seiner sympathisch-menschlichen Erscheinung, seiner unbestrittenen Integrität und vor allem seiner beeindrukkenden, oft verblüffenden Beherrschung der technisch-mechanischen Materie mehr Bewunderer auf seiner Seite als sein Partner.
Sonnins Freund Möller avancierte zum inoffiziellen Assistenten und engen Vertrauten des Baumeisters. Möller verkaufte sein Geschäft, und beide

Freunde bezogen eine neue Wohnung am Alstertor. Im Hause wohnte außer Möllers Mutter auch noch eine Haushälterin, die Schwiegermutter seiner Schwester, die noch zwei Enkel betreute. Einer von diesen war der damals elfjährige Johann Reinke, der später als sein Schüler die maßgebende Biographie seines Meisters verfaßte, der wir alle wichtigen Angaben über dessen Leben und Wirken verdanken.

Wovon Möller gelebt hat nach dem Verkauf seines Geschäfts, bleibt unklar; denn auf den Lohnlisten der Baudeputation kam er nicht vor. Sicher ist, daß er mit seinem Freund und Gönner eine gemeinsame Haushaltskasse hatte, aus der beiderseits auf Treu und Glauben gewirtschaftet wurde.

Obwohl Möller an mehreren Einzelprojekten aktiv beteiligt war – von ihm stammt u. a. die bekannte Zeichnung von der Beseitigung der Trümmer nach dem Brand von 1750, ein Modell der Kirche und der Entwurf zur Kanzel –, war er auf dem Baugelände nicht gern gesehen. Im Gegenteil: Man empfand ihn geradezu als Störenfried. Nach den Protokollen beschwerten sich z. B. die Maurermeister einmal ausdrücklich, «daß einer namens Möller, so dem Baumeister Sonnin zur Hand geht, sich sehr oft auf dem Bau einfände und über die Turmarbeit falsch und ungebührlich räsonnierte. Sie wollten gern wissen, in was Qualität sich derselbe so oft auf dem Bau einfände». Auf diese Beschwerde hin erhielt der unerwünschte Helfer erst einmal «Baustellenverbot»; doch kümmerte sich Sonnin wenig darum und ließ sich in seiner Loyalität gegenüber dem Freund nicht beirren.[42]

Die Auseinandersetzung um die Turmplanung – es ging um die Frage, ob das Mauerwerk mittels Verzahnung mit dem Turm verbunden werden sollte – endete übrigens mit dem Sieg Sonnins; er setzte sich in dieser Sache gegen seinen Partner Prey mit seinem Vorschlag durch.

Im selben Jahr 1753 hatte es schon einmal Meinungsverschiedenheiten zwischen den beiden Kontrahenten in eben dieser Angelegenheit gegeben. Aus Sicherheitsgründen empfahl Sonnin die vollständige Beseitigung der alten Turmreste, während Prey die Ansicht vertrat, daß die sichtbaren Risse nicht erheblich seien. Bei einer Besichtigung vor Ort entschied die Baudeputation gegen Sonnin, der sogar getadelt wurde, weil die Affäre durch ihn coram publico ausgetragen worden sei. Um den Unterlegenen zu diffamieren, war man nicht davor zurückgeschreckt, ihn zu bezichtigen, er habe bei der Untersuchung «geschummelt», indem er angeblich die Risse künstlich vergrößert habe, um seinen Widersacher auszustechen. In Wahrheit hatte er nur die Mörtelkrumen beiseite geschoben.

Von Harmonie zwischen den beiden «Partnern» konnte also wohl kaum die

Rede sein. Immerhin stand das Mauerwerk bis Ende 1753 20 Meter über Terrain. Aber wegen der Konzeption des Daches gerieten die Streithähne wieder aneinander. Prey sprach sich für ein gebrochenes Mansardendach und ein hölzernes Gewölbe aus, während Sonnin ein steinernes Gewölbe verlangte, da die Mauern dafür stark genug seien. Diesmal setzte Prey sich durch. Angeheizt wurde der Streit noch dadurch, daß Sonnin seinen Gegenspieler auch bei seiner Zunftehre packte. Als Steinmetzmeister hatte Prey natürlich die erforderlichen Materialien durch seine Zunft einkaufen wollen mit einem Kostenanschlag von 80 000 Mark, während Sonnin versicherte, das ließe sich anderswo für 20 000 Mark weniger beschaffen. Doch Prey erhielt freie Hand (die Macht der Zünfte war damals noch ungebrochen), und Sonnin wurde wegen «Despotischen Gebarens» abermals verwarnt. Kritik mußte Sonnin auch des öfteren von den Handwerkern einstecken, die seinen Gewölbeentwurf verhöhnten: «mit seiner über das Dach aufragenden Laterne ist es einer Windmühle ähnlicher als einer Kirchendecke». Und die Amtszimmermeister Marckhardt und Behrens spotteten, «angesichts der Hülflosigkeit der beiden Querschiffdächer geriete man in ein tiefes Stillschweigen».[43]

Das entstehende Chaos, zusammen mit der finanziellen Misere, bewirkte dann den oben geschilderten dreijährigen Baustopp.

1756, nach dem Wiedererstehen des kleinen Bruders, war endlich die Bahn frei für die Wiederaufnahme der Arbeiten am Großen Michel. Die seit Juni auf dem Schaarmarkt gelagerten 150 Föhrenstämme wurden nun auf dem Zeughausmarkt eingeplankt und das Dach abgebunden. Kurz vor Vollendung des Daches starb Prey. Damit war Sonnin nun allein verantwortlich für den Weiterbau.

Das Innere der Kirche bot dem Besucher einen großartigen Gesamteindruck von lichtdurchfluteter Harmonie. Die Ausbildung der Einzelheiten ist unter dem Einfluß des Rokokostils als mustergültig bezeichnet worden, trotz teilweise unregelmäßiger Grundform. Die Emporen waren durch Haupt- und Nebentreppen zugänglich, von den Nebeneingängen aus erreichbar. Man darf jedoch nicht verfehlen, darauf hinzuweisen, daß Sonnin der Ausgestaltung des Inneren nicht dieselbe liebende Zuwendung widmete wie der Außenarchitektur. Manche Einzelheiten überließ er seinen Helfern (wie schon erwähnt, stammt der Entwurf zur Kanzel von Freund Möller). Anders als bei dem mehr intuitiv-künstlerisch veranlagten Prey, drängte sich bei Sonnins Schaffenswillen die technisch-sachliche Komponente seines Genies auf Kosten der ästhetischen in den Vordergrund, wie es ganz deutlich in seinem «Pro Memoria» zum Ausdruck kommt (S. 61).

.4 *Das Innere der Großen Michaeliskirche (Foto: Hartz)*

Dort, wo er nämlich seine technische Erfindungskunst als Bauingenieur einsetzen konnte, war er nicht zu bremsen. So erdachte er sich eine eigene Methode, das verwendete Holz vor späteren Rissen zu bewahren. Er ließ die vier Säulen des Altars, aus vier Eichenstämmen bestehend, so der Länge nach durchbohren, daß eine Höhlung entstand. Unter dieser Höhlung ließ er dann eine Wärmelampe Tag und Nacht brennen, damit sie von innen her austrocknen konnten.

Die Familienlogen waren mit Zugfenstern versehen, um Zugluft zu schaffen für die bessere Funktion der Feuerkieken, mit deren Hilfe sich die Anwesenden in der sonst ja unbeheizten Kirche die Füße wärmen konnten. Diese Feuerkieken, mit Holzkohle oder «Torfköhl» gefüllte Behälter, brachte man entweder selbst mit oder zahlte eine Gebühr für die Benutzung.

Bei allen seinen erfinderischen Einzelaktivitäten am Bau hatte Sonnin eine glückliche Hand. Das gilt auch für die Konstruktion des Gewölbekellers. Statt, wie früher üblich, wurden die Gräber nicht direkt unter dem Kirchenfußboden angelegt, was zur Folge hatte, daß man nach jeder Neubestattung den Fußboden aufbrechen mußte, sondern es entstand ein ausgebauter Keller, dessen Konstruktion von Pastor Orlich so beschrieben wird:

> «Der Fußboden der Kirche ruhet auf sehr vielen kleinen steinernen Pfeilern, von mehr als Mannes Größe hoch, die Reihen-weis, gleich als die Alleen gesetzet worden sind. Zwischen denselben und bis an die Enden der Kirche sind eine große Menge Gräber gemauret, von denen sich die Familien Stellen aussuchen können. Die Fenster laufen auch rund um die Kirche bis an den Thurm umher, und die allfalligen Dünste, die doch nicht einmal viel aufsteigen können, finden ihre bequeme Oefnung und ihren Ausgang, so daß die Lebendigen, die oben sind, nicht die geringste Ungemächlichkeit besorgen dürfen. Alle Kenner bewundern dieses und ich lese eben itzt, da ich dieses schreibe, in der beliebten Wochenschrift «Der Arzt» genant, im 200. Stücke, mit Vergnügen, daß es auch hier angerühmt und gebilliget worden ist.» [44]

*15 Der bei Bestattungen benutzte Leichenkarren im Gruftgewölbe (Foto: Rosenke)*

Allerdings erwies sich im Nachhinein die Einrichtung des Gruftkellers bei einer nüchternen Kosten-Nutzen-Rechnung als Fehlplanung. Einmal überstiegen die Kosten wesentlich das Vertretbare, zum andern, und das ist das Wesentliche, war das Ganze sozusagen in den Sand gebaut, da wenige Jahrzehnte später (1812) laut Gesetz keine Beerdigungen in der Stadt mehr zugelassen waren. Das hatte Sonnin jedoch seinerzeit nicht voraussehen können.
Die feierliche Einweihung des neuen Gotteshauses erfolgte am 19. Oktober 1762 (es fehlte allerdings noch der Turm, der erst 1786 fertig wurde). Das Jahrhundert-Ereignis wurde zu einem veritablen Volksfest. Pastor Orlich schildert es so:

> «An dem Tage vor der Einweyhung wurde diese Feier von allen Kirchthürmern eingeläutet, gleich wie solches auch am Einweyhungstage selbst, des Morgens von 7 bis 8 Uhr geschahe.
> An diesem Tage versammlete sich, um eben diese Zeit, Ein Hoch-Edler und Hochweiser Rath, Reverendum Ministerium, die Ehrbaren Herren Oberalten und die gesamten Mitglieder der löblichen Collegiorum der Herren Sechziger und Hundertundachtziger cum Adjunctis, in Corpore, in der kleinen Michaeliskirche. Es war auch ein zahlreiches Commando von der löblichen Guarnison zwischen beiden Kirchen Norderseits, und ein besondres an beyden Kirchthüren der kleinen und großen Kirche gestellt, zwischen welchem um acht Uhr die Procession aus der kleinen in die große Kirche vor sich ging, mittlerweile vom Thurme eine Musik mit Pauken und Trompeten gemacht wurde. Ein Hochedler und Hochweiser Rath nahmen (sic!) Ihren Platz unten in dem Raths- und hinter denselben folgenden Stülen, Rev. Ministerium auf dem Chor vor dem Altar, und die Löbl. Bürgerliche Collegia, nach dem Range Ihrer Zeit und Erwählung, in der Beede und den folgenden Stülen mitten in der Kirche. Den fremden Standespersonen aber, Graduirten und anderen Angesehenen waren die beyden Kirchensäle angewiesen: gleichwie auch sonst niemand vor der Proceßion ohne Billets, um alle Unordung zu verhüten, eingelassen wurde.»
> (Nach einer Collecte und der Verlesung des 100. Psalmes wurde der erste Teil) «des auf diese Einweyung gerichteten und von dem Herrn Archidiacono zu St. Catharinen, Herrn Zimmermann, überaus wohl, von dem berühmten und alten Herrn Telemann aber in eine vortrefflich Musik gesezten Oratorii musiciret».
> Danach hielt Pastor Orlich eine ziemlich lange Predigt, von der er selbst in der Einleitung zur später gedruckten Version bekennt: «Ich habe zwo ganzer Stunden gepredigt. Ich muß es aber meinen Zuhörern zum Ruhme nachsagen, daß ich nicht die geringste Ermattung in ihrer Aufmerksamkeit bemerket habe» (das waren noch Zeiten!) Der Predigt folgte dann der «zweete Theil des obgedachten Oratorii ... Des Nachmittags wurden auf den beyden Glokkenspielen zu St. Peter und St. Nicolai, einige Lob- und Danklieder musiciret, die die ganze Feyerlichkeit mit derselben Erschallung aus Pauken und Trompeten von den Thürmen der Hauptkirchen von 4 bis 5 Uhr geendigt.

16 *Der zweite Große Michel im Bau, noch ohne Turm. Nach dem Kpfr. a. d. Titelseite von Pastor Orlichs „Pflichtmäßiges Verhalten"*

> Gelobt sey der Herr, der uns bis hierher gebracht. Er gebe nun seinem Worte Kraft in dieser neuen schönen und räumlichen Kirche und lasse viele tausende Seelen dadurch zum Himmel bereitet werden.
> Am Einweyhungstage fand man 5471 Mark, 4 Schilling und 6 Pfennig in den Bekken und im Klingelbeutel für den Gotteskasten 874 Mark, 2 Schilling ... Sollte auch die sehr wahrscheinliche Nachricht, die ich izt eben erfahren, gegründet seyn, daß Jemand noch 20 000 Mark Species zu diesem Bau bestimmet habe, so muß man gestehen, daß eine ganz besondere Fürsehung über diesem Baue walte ...
> Da die Schluß-Ode in dem oben erwähnten Oratorio einen allgemeinen Beyfall gefunden, so will ich diesen Bericht mit derselben beschließen.
> Ein Vorspiel des Tages, der Alles zerstöret
> Hat Dich, o Behausung des Höchsten, versehret;
> Nun sinke nicht früher, denn alles zerfällt.
> Ja, bis die Posaune die Gräber enthüllet,
> Und Feuer die Grenzen der Schöpfung erfüllet,
> Verschön're Du Hamburg, und Hamburg die Welt!» [45]

Nach dem Fest der Einweihung zogen sich die Arbeiten am Turm noch viele Jahre hin. Da Sonnin nach dem Tode seines Partners nun allein für die endgültige Planung und Ausführung verantwortlich war, gebührt ihm allein der Ruhm, den Bau der Zweiten Großen Michaeliskirche mit der Errichtung

eines Turms gekrönt zu haben, der den Michel zum unverkennbaren Wahrzeichen der Stadt Hamburg machen sollte.
In der Konzeption des Turmes zeigte sich, wie Lutter betont, Sonnins Loslösung vom Geist des reinen Barocks zum zukunftsweisenden frühen Klassizismus. Sein künstlerisches Credo kommt zum Ausdruck in dem uns erhaltenen «Pro Memoria» vom 15. Juni 1776:

> «Magnificus Dominus: Patronus nebst denen Hochweisen Kirchenspiels Herren und der Löblichen Behde haben Hochgeneigtest mir aufgetragen, über den vorhabenden Thurm Bau meine Gedanken, Riße und Anschläge herzugeben, welche hiemit gehorsamst vorlegen sollen. Aus bewegenden Ursachen ward mir besonders anbefohlen, mein Augenmerck darauf zu richten, wie mit mäßigeren Kosten, als bishero vorgeschlagen worden, der Thurmbau also zu vollenden seyn möge, daß er zu der schon erbaueten Kirche ein angemeßenes Verhältnis habe und übrigens in anderer Betrachtung dem öffentlichen Anstande ein Genügen geschehe.»
> «Was nun die proportion und den Anstand betrifft, so verhoffe in den angelegten Rißen beides dahin beobachtet zu haben, daß eine nach demselben aufgeführete Spitze oder Pyramide, wenn sie auch die niedrigste unter allen unseren Haupt Spitzen bliebe, dennoch in der That ansehnlicher, als dieselben sind, ausfallen wird. Sie hat nicht so viel gekünsteltes als einige unter ihnen, sondern ist nach dem reineren Geschmacke der Alten eingerichtet und daher schmeichele mir, daß sie Kennern, die noch immer das Einfache des Althertums verehren, nicht mißfallen dürfte. Selbst dieses Einfache giebt nicht allein einige Ersparung der Kosten ab, sondern es ist auch mehr auf die Dauer und läßt sich in der Zukunft mit wenigeren Kosten unterhalten. Jedoch ist diese Ersparung nicht so wichtig als die folgenden, welche vorzuschlagen meiner Schuldigkeit seyn wird.»

Sonnin verteidigt dann im weiteren seinen Vorschlag, statt Mauerwerk eine Holz-Kupfer-Konstruktion zu verwenden mit der Begründung:

> «Würde gegen diesen Vorschlag eingewendet, daß Mauerwerk schöner aussehe und von längerer Dauer sey; so wissen wir, daß Pracht und Schönheit nicht allemal eine Haupt Absicht beim Baue sey, und in Betreff der Dauer kommen wir einem jeden zu bedencken geben, wie baufällig in den neueren Zeiten unsere Thurm Mauern zu Petri, zu Jacobi, zu Catharinen gewesen sind, wie kranck die Nicolaikirche noch sey ... Wohingegen die Pyramiden aller dieser Thürmer mit ihren Mauren ausgedauret und ihre etwanige reparationes im Gantzen lange nicht so schwer als jene an dem Mauerwercke geworden sind. Aber auch die Schönheit verlieret in Ansehung der Structur wenig oder nichts, sondern es ist hauptsächlich die Farbe, die unsern Augen weniger gefällt, und da wir gewohnt sind, mit dem Mauerwerke den Begriff der Kostbarkeit und Unvergänglichkeit zu verbinden, so glauben wir, auch eine mehrere Pracht darin zu erblicken.» [46]

Von den fünf in der Abbildung gezeigten Entwürfen [47] entschied man sich

*17 Fünf der sieben Entwürfe Sonnins zum Turmhelm. Der mittlere wurde gewählt (Zeichn. n. Faulwasser)*

schließlich für den mittleren, sicherlich ganz im Sinne des Architekten; denn hier kam die Abwendung Sonnins vom allzu Spielerisch-Verschnörkelten des späten Barocks unzweideutig zum Ausdruck.

Dieser Turm sollte bald zum stolzen Wahrzeichen Hamburgs werden. Von der Geesthöhe die Skyline der Hansestadt eindrucksvoll beherrschend, bietet er noch heute den die Elbe heraufkommenden Schiffen, ihren Matrosen und Passagieren den ersten Gruß der Heimat.

Wenn auch die Fachwelt durchaus nicht einhellig zustimmte, so ließen sich die Hamburger ihren Stolz und ihre Freude über «ihren Michel» von niemandem verwehren.

Auf jeden Fall wirkt das Gesamtbild von Prisma, Würfel, Säulenrund und Kuppel auf den Betrachter wie aus einem Guß, so daß, wie Dammann es ausdrückt, «vorher nirgends mit so wenigen Mitteln so viel Wirkung erzielt worden ist».[48] Ohne Zweifel hatten die Turmbauten Peter Marquard(t)s Sonnins Pläne nicht unerheblich beeinflußt. Marquardt war mit dem Turm der wohl elegantesten Hamburger Hauptkirche, St. Katharinen, ein formvollendeter Bau gelungen. Aber auch die Trinitatiskirche in Altona bewunderte

Sonnin sehr. Es wird berichtet, daß er jedesmal den Hut gezogen haben soll, wenn er dort vorbeiging.
Die freistehenden Säulen, welche die Kuppeln tragen sollten, bereiteten dem Baumeister einige Sorge. Da sie unten fest verankert waren, wollte er auf jeden Fall verhüten, daß die oberen Teile durch schädliche Schwankungen gefährdet würden. Darum wählte er für die vier äußeren Säulen Balken aus parabolisch gekrümmtem Holz. Dieses wurde aus dem Forst in Wohldorf unentgeltlich geliefert. Die Bäume ließ Sonnin unter seiner Aufsicht fällen und bearbeiten. Der Turm erhielt eine allseitige Bedeckung aus Kupfer; damit wirkte er zugleich als Blitzableiter für den ganzen Aufbau.
Die für diese Arbeit eingesetzten Dachdecker müssen wohl teilweise gepfuscht haben. Es zeigten sich undichte Stellen, die gefährliche Lecks hervorriefen. Diese erforderten langwierige Reparaturen, die erst nach jahrelanger Arbeit mit Hilfe eines Lübecker Fachmanns beendet werden konnten.
Auch mit dem Uhrmacher Pohlmann gab es Probleme. Die Uhr ging dauernd falsch, und das Geläute war unbefriedigend. Pohlmann wollte sich von Sonnin nicht in sein Geschäft hineinreden lassen. Der Baumeister bemerkt dazu: «Wenn ich meinen Willen gehabt hätte, hätte ich die Uhr binnen 8 Tagen in Ordnung gebracht ... Pohlmann verlangt, ich solle der hochlöbl. Deputation andere Federn, andre Taue, unten mehr Gewicht, Hammerstiele usw. in Anschlag bringen; das soll ich tun, der ich weiß, daß er alles dies zu tun contractu verpflichtet ist. So niederträchtig muß er mich nicht ansehen.»
Grollend gab Pohlmann schließlich nach und folgte Sonnins Anweisungen. Und von Stund an ging die Uhr richtig, und der schwere Hammer traf die Glocke an der richtigen Stelle.
Auch beim Turmbau erwies sich wieder einmal, wieweit Sonnin in der Beurteilung technischer Zusammenhänge der um ihn herumwimmelnden Schar der Kritiker überlegen war. Seine Kompetenz bei dem Anheben, Richten und Drehen hatte er bereits mehrfach unter Beweis gestellt, z. B. bei dem Turm der Nikolaikirche im Jahre 1759. Damals hatte ein frommer, aber sachunkundiger Geistlicher, als Sonnin gerade nicht anwesend war, gewagt, die Arbeiter von ihrem «gottversucherischen Tun» abzuhalten. Er wurde jedoch ausgelacht, und die Arbeit ging planmäßig voran.
Während des Turmbaues am Großen Michel versuchte man ebenfalls, dem genialen Baumeister aus Unverständnis am Zeuge zu flicken. Als dieser nämlich einmal eine Dienstreise nach Lüneburg machte, ließ das mißtrauische löbliche Kollegium klammheimlich eine Lotmessung vornehmen und hielt ihm nach seiner Rückkehr triumphierend vor, sein Turm sei jetzt schon ein

schiefes Gebilde, da er 7 ½ Zoll überhänge. Souverän wies der so Beschuldigte die übereifrigen Kritiker in ihre Schranken, indem er versicherte, die Abweichung sei nicht aus Fahrlässigkeit, sondern bewußt aus exakter Planung zu erklären. Denn, so verteidigte er sich wörtlich, «alle Turmmauern, die ich (in Hamburg) gesehen, und sie in dieser Hinsicht mit vielem Fleiße betrachtet habe, neigen sich gegen Südwesten, wie dieses auch ein jeder an allen unseren Türmen ersehen kann, und dieser ihr natürlich erfolgender Hang nach Südwesten, oder nach der Gegenseite hat mich bewogen, daß ich den Catharinenthurm 15 Zoll, den Domsturm 13 Zoll und die anderen 12 Zoll gegen Osten gerichtet habe.» [49]

Schon beim Bau des Gerüstes um die Kirche hatten sog. Sachverständige kritisiert, das Ganze sei zu schwach und würde schon bei Belastung mit einer Person zusammenbrechen. Als Gegenbeweis ließ Sonnin «noch an denselben Tage 10 000 Steine, die etwan siebenzig tausend Pfund wogen, auf einen Fleck hinauf bringen, zeigte sie dem Herrn Bürgermeister und überführte ihn in der Standhaftigkeit des Gerüstes».

Als bekannt wurde, daß Sonnin den Turm ohne Gerüst bauen wollte, versicherten

> «Kunstverständige mit gräulichen Eidschwüren, es sey nicht möglich, das Holz im Thurm aufzubringen, ohne die daneben stehende Häuser wegzubrechen! Es ist aber dennoch möglich gewesen. Als ich die Maschine, womit die schwere und große Balcken so vortheilhaft und so glücklich gerichtet sind, anordnete, lagen die Kunstverständige der Löbl. Deputation sehr an, sie möchten nicht gestatten, daß mit der neuen Maschine, die weder sie noch sonst jemand gesehen hätte, gerichtet würde, und stelleten das Unglück vor, welches entstehen muß. Letzteres ist Gottlob nicht eingetroffen, und die nach principiis geordnete Maschine hat den besten effect gethan».[50]

Während also Fachleute und Eiferer der Zünfte den Turmbau mit kritischen Augen verfolgten, gab es andererseits genug Stimmen aus dem Volke, die dem Baumeister mehr Vertrauen entgegenbrachten.

Zitiert sei hier ein anonym erschienenes Gedicht von 1786, das in launig-spöttischen Versen das Wehklagen der Nörgler auf die Schippe nimmt (s. S. 65).

Der Turm sollte in der Folgezeit des öfteren Ausgangspunkt wissenschaftlicher Untersuchungen werden.

Sonnin selbst hatte schon 1793 eine astronomisch richtige Mittagslinie auf dem Uhrboden festgestellt. Wenige Jahre später führte Dr. Benzenberg Experimente zum Studium der Fallgesetze durch, die dann in seinem 1804 erschienenen Werk «Versuche über die Umdrehung der Erde» verwertet wurden.

Beneke gibt zu diesem Aspekt einige interessante Einzelheiten:

# Der Kirchthurm
ohne und mit
# der Spitze und den Glocken.

Ein allegorisches Gedicht,
bey Gelegenheit
der
in dem Thurme der großen St. Michaelis-Kirche
**aufgehangenen Glocken,**
dem
geehrten Hamburgischen Publico
mitgetheilet
von
J. H. H.

Hamburg. 1786.
Gedruckt von Carl Wilh. Meyn, E. Hochedl. und Hochw. Raths Buchdrucker.

In einer großen Handelsstadt,
Die manchen Thurm und so viel Glocken hat,
War unter andern auch ein Kirchthurm ohne Spitze.
So stand er viele Jahre lang,
Stumpf, ohne Spitz und Glockenklang.
Die Neugier trieb mich an, den Grund davon zu wissen,
Und hierzu war ich nun mit allem Ernst beflissen.

Drauf frug ich einen Altermann,
Der, weil er vieles weiß, auch vieles sagen kann:
Wie geht es zu, bekommt der Thurm noch keine Spitze?
Er sah mich halb erbittert an,
Und schob, wie man leicht denken kann,
Mit Anstand seine Mütze.
Der Thurm? sprach er: Der Thurm trägt keine Spitze!
Der Meynung war fast Jedermann.
Sie war auch in der That nicht schlecht;
Man hatte ganz vollkommen Recht;
Wovon ich den Beweis abstatte:
Er trug sie nicht, indem er keine hatte.
Nunmehr bekam der Bau aufs neue seinen Lauf;
Man setzt dem Thurm die Spitze auf;
Und siehe da! er trug die Spitze.
Allein die ganze Stadt war voll,
Indem ein neu Gerücht erscholl.
Es hieß: Der Thurm trägt keine Glocken!
Ich selber war darüber ganz erschrocken.
Man schaffte Rath, und förderte den Guß,
Und ordnet, was geschehen muß;
Um davon überzeugt zu seyn,
Hängt man drey neue Glocken drein.
Das geht nicht gut; der Thurm stürzt ein!
Doch nein! Er steht, und trägt die Glocken.
Nunmehr ist alles fertig da.
Das Volk erstaunt. Halleluja!
Der Thurm trägt Spitz und Glocken!

«In jedem der zahlreichen Böden des Turms bis zu der Plattform, auf welcher die neuen Säulen standen, befand sich in der Mitte eine quadratische Öffnung, etwa je 2 Meter im Geviert. Für gewöhnlich waren alle mit festen Deckeln verschlossen; öffnete man diese aber, so erhielt man eine ca. 100 Meter hohe Luftsäule, welche genau in der Mitte des Turmes stand und gegen die Einwirkung von Wind und Wetter geschützt war. Über einen solchen Raum, der noch dazu völlig hell und an jeder Stelle zugänglich ist, verfügt man sehr selten; daher lag es nahe, ihn zu Experimenten ... zu gebrauchen und das ist 1802 durch Dr. Benzenberg geschehen.
Diejenigen Kirchgänger, welche durch die Turmhalle die Kirche betraten, sind wohl zumeist achtlos über einen Stein hinweggeschritten, welcher dort in der Mitte des Fußbodens lag und in den ein Metallkreuz eingelassen war, dessen Kreuzungspunkt mit mathematischer Genauigkeit den Mittelpunkt der Grundfläche des Turmes angab. Ließ man nun genau in der Mitte der Luftsäule oben auf dem obersten Boden ein kleines Gewicht fallen, so war dasselbe während seines recht bedeutenden Falles nur der Anziehungskraft der Erde und dem Widerstand der Luft unterworfen, im übrigen aber durch nichts behindert oder beeinflußt, und vor allem der Umdrehung der Erde nicht unterworfen. Deshalb traf es unten nicht auf den Mittelpunkt des Kreuzes, sondern es fiel einige Zentimeter seitlich desselben nieder und erbrachte dadurch dem Auge sichtbar den Beweis, daß die Erde sich, während das Gewicht fiel, um soviel gedreht hatte, als der Abstand von dem Mittelpunkt des Kreuzes bis zu dem Ort, auf den das Gewicht gefallen war, betrug. Es kommt ... nicht so sehr auf die wissenschaftliche Bedeutung dieses Versuchs an, als vielmehr darauf zu zeigen, welche eigentümlichen Tatsachen sich durch diesen überaus geschickt gebauten Turm feststellen ließen. Darum habe ich nicht allein den Turm, sondern auch, so oft ich die Turmhalle durchschritt, jenes unscheinbare Kreuz am Boden stets mit Bewunderung betrachtet; übrigens bezeichnete es zugleich die Stelle, an welcher ein Meridian unsere Stadt durchschneidet.» [51] (Danach liegt Hamburg 9° 58′ 41,75″ und 53° 32′ 55,70″ nördlich vom Äquator.)

1820 bis 1882 folgten weitere Experimente und kartographische Aufnahmen, wie z. B. die Triangulation des hamburgischen Gebietes und Ergänzungen zu Meßtischblättern.

Dieser Bericht über die Geschichte des Baues der zweiten Großen Michaeliskirche sollte nicht abgeschlossen werden, ohne noch einmal die Persönlichkeit Sonnins und seine weitere Wirksamkeit als Architekt kurz zu umreißen.

Zu seinen Sakralbauten gehört in erster Linie die Kirche in Wilster. Der Bau ist eingehend beschrieben in der Festschrift zu ihrem 150jährigen Bestehen.[52] Es sei hier nur hingewiesen auf zwei Details, die aufs neue die Findigkeit des Baumeisters demonstrieren, technische Probleme aus der Situation heraus unkonventionell zu lösen.

So konstruierte er z. B. einen neuartigen Dachboden. Durch ein doppeltes

*18 Der Michaelisturm hinter den Fachwerkhäusern der Neustadt*

Kehlbalkensystem mit lauter Vollbindern erzielte er einen nahezu freien Bodenraum. Zur Trockenlegung der Baugrube schuf er eine Kanalanlage, die im Prinzip der Behandlung der Altarsäulen im Großen Michel entsprach (Durchbohrungsverfahren).

Von seinen Profanbauten verdient besonders erwähnt zu werden die alte Synagoge an der Elbstraße, die beim Abbruch 1906 noch bestens erhalten war. Vor allem aber die Festhalle für die «English Court» an der Englischen Planke auf dem Bosselhof, die Sonnin rechtzeitig zur Feier der Krönung des englischen Königs Georg III. in Fachwerk innerhalb drei Wochen errichtete: eine technische Glanzleistung ohnegleichen! (Siehe auch S. 126)

Die ungewöhnliche technische Begabung und das damit gegebene geniale Verständnis für technische Zusammenhänge machten ihn im Gegensatz zu dem wohl etwas steif-konservativ, fast pedantisch erscheinenden Partner Prey zu dem hervorragendsten Architekten in Hamburgs Mauern.

Kennzeichnend für seinen bei allem Selbstbewußtsein bescheidenen und menschlich-sympathischen Charakter ist ein Vorfall bei den Arbeiten am

*19 Medaillonbildnis Sonnins (Mus. f. Hamb. Geschichte)*

Herrengrabenfleet. Sonnin hatte einen Arbeiter wegen eines Fehlers getadelt. Der wehrte sich dagegen nicht etwa mit sachlichen Argumenten, sondern mit der Faust, so daß der Baumeister im Straßenschlamm landete. Sonnin stand ruhig auf und verwehrte den Umstehenden, den wütenden Angreifer zur Bestrafung abzuführen. Als seine Vorgesetzten sich anschickten, ein Exempel zu statuieren, hielt er diese davon ab mit der Begründung, eine Bestrafung würde den Übeltäter nicht bessern, sondern nur noch mehr erbittern. Auf Sonnins Ersuchen wurde der Arbeiter nicht entlassen, sondern nur aufgefordert, sich bei seinem Meister zu entschuldigen. Dieser aber winkte ab und gab ihm lediglich sachliche Ratschläge zur gewissenhafteren Ausführung der ihm aufgetragenen Verrichtungen. Ein Augenzeuge dieser Szene staunte: «Da stand dieser Mensch wie vernichtet da und wollte in die Erde versinken.»

Von Sonnins untadeligem Charakter gibt es noch zahlreiche andere Zeugnisse. Eine Episode, die den Meister als lauteren, unbestechlichen Menschen ausweist, sei hier angeführt:

1788 sollte das sog. neue Rathaus wegen Baufälligkeit abgerissen werden, weil der Bauhofs-Inspektor eine Reparatur für nicht lohnenswert hielt, obwohl die «Älterleute» der Maurer und Zimmerer für eine Restaurierung zum Preis vom 50000 Mark plädierten, da ein Neubau etwa eine Million kosten würde. Man beschloß, ein Gutachten von Experten einzuholen, zu denen außer Sonnin auch Baumeister Horn und Canaldirektor Reinke gehören sollten. Die Gutachter bestätigten die Rentabilität einer Renovierung mit einem geschätzten Aufwand von nur 36000 Mark; damit hatte Sonnin mit seinen Kollegen der Stadt fast eine Million Mark erspart.

Wenige Tage nach dem Spruch der Gutachter erschien ein Unbekannter, der offenbar zu einer «Lobby» gehörte, bei Sonnin und versuchte ihn zunächst zu überreden, sein Dictum zu widerrufen und doch für einen Neubau einzutreten. Als Sonnin sich von dessen Argumenten nicht überzeugen ließ, kramte der Unbekannte eine Rolle mit 100 Dukaten hervor mit der Bemerkung, so etwas habe doch auch eine gewisse Überzeugungskraft.

Obwohl der redliche Baumeister gerade zu dieser Zeit in Geldnöten war – er sollte für eine kleine Schuld gepfändet werden –, schrie er dem verdutzten Lobbyisten entgegen: Gegen Wahrheit und Überzeugung zu handeln gelte bei ihm soviel als den Teufel anbeten, und daß er diesen nicht für die Welt, viel weniger für 100 Dukaten anbeten wolle; er solle sich gefälligst aus dem Staub machen.[53]

Sonnin starb 81jährig am 8. Juli 1794; im Grabgewölbe «seiner Kirche» fand er seine letzte Ruhestätte. Bescheiden und aller öffentlichen Anerkennung abhold hatte er verfügt, daß nicht einmal sein Name den Stein bezeichnen sollte, der sein Grab bedeckte.

20 *Das von der Patriot. Ges. gestiftete Denkmal Sonnins mit dem Modell der Kirche (Foto: Rosenke)*

Erst zur Feier des 100. Jahrestages der Kirchweihe wurde eine Medaille in den Stein eingelassen. Ein Denkmal wurde ihm nicht gesetzt. Er hat es sich selbst errichtet im Großen Michel. Hamburg gedachte seiner erst wieder 1912, als die Patriotische Gesellschaft eine Plastik von ihm in Auftrag gab, die mitsamt der eigens dafür gebauten Ehrenhalle am Krayenkamp gegen Ende des Zweiten Weltkrieges einem Bombenangriff zum Opfer fiel.
Als der Senior Johann Jacob Rambach, einer der bedeutenden Pastoren des Kirchspiels, während der Feier zur Einweihung des Turms 1786 seiner Predigt den Text 1 Könige 8,57 zugrunde legte ... «der Herr verlasse uns nicht und ziehe die Hand nicht von uns ab», konnte er nicht ahnen, in welche Bedrängnis seine Stadt und mit ihr die Kirche in wenigen Jahren geraten sollte.
In der Franzosenzeit mußte er zunächst den Verlust des Kleinen Michels hinnehmen.
Nach der Einverleibung Hamburgs in das französische Kaiserreich bekamen auch die Kirchen den Druck des fremden Joches zu spüren. Das traditionelle Choralblasen vom Turm des Michels wurde verboten. Nach der sogenannten ersten Befreiung vom März 1813 durch den Einmarsch der Kosaken unter Tettenborn hatte Rambach die Fahnen der neuerrichteten Hanseatischen Legion in der Kirche geweiht und wurde bei der im Herbst erfolgten Rückkehr französischer Truppen von dem Wüterich General Davoust dafür streng gemaßregelt.
Und nur mit knapper Not entging die Kirche jenem entwürdigenden Schicksal, das die anderen Hauptkirchen der Stadt hatten erleiden müssen, nämlich zu Pferdeställen oder Magazinkammern erniedrigt zu werden. Im Januar 1814 verfügte die französische Verwaltung, daß in der Großen Michaeliskirche Unterkunft für 500 Pferde geschaffen werden müsse. Da erboten sich spontan eine Reihe von Hamburger Bürgern, sofort 293 Tiere in ihren eigenen Ställen unterzubringen. Die Behörden genehmigten diesen Vorschlag mit der Auflage, daß der verbleibende Rest noch in die Petrikirche hineingepfercht werden müsse. Diese Bedingung wurde schweren Herzens akzeptiert, da es keinen anderen Ausweg gab; die Petrikirche war ohnehin schon entweiht.
Pastor Rambach wurde aber noch die Freude zuteil, die endgültige Befreiung von der Fremdherrschaft mitzuerleben: Sein Signal dazu waren die weißen Fahnen am Turm seiner Kirche am 28. April 1814. Als er 1818 starb, folgte ihm sein Sohn August Jacob Rambach; beider Amtszeit erstreckte sich über einen Zeitraum von 71 Jahren!
Der große Brand von 1842, der fast ein Drittel der Stadt in Schutt und Asche

21 *Der beim Brand von 1906 gerettete Gotteskasten, noch heute in der Kirche zu sehen (Foto: Rosenke)*

legte, verschonte glücklicherweise die Neustadt. Zwar waren die Häuser an der Bleichenbrücke und die Speicher an der Fuhlentwiete bedroht vom Neuen Wall her, aber kein Haus brannte ab. Wären die Flammen näher an den Michel herangekommen, hätte der Turm mit seiner offenen Säulenhalle dem Feuer wohl wenig Widerstand leisten können. So konnten beide Michaeliskirchen manchen Opfern des Brandes Zuflucht und Schutz gewähren, z. B. den flüchtenden Bewohnern des «Gasthauses» am Neuen Wall (das Gasthaus war eine Art Asyl für Fremde ohne Unterkunft nach Art der «Gotteswohnungen»). Auch die aus dem Staatsarchiv geretteten Bestände von Büchern und Urkunden fanden eine vorläufige Bleibe im Großen Michel; sie wurden im Grabgewölbe gelagert.

Von den Pastoren der letzten Hälfte des 19. Jahrhunderts verdient besonders erwähnt zu werden der sehr beliebte Pastor Rehhoff, an den heute noch die vom Herrengraben abgehende Straße gleichen Namens erinnert. Sein Nachfolger Christian Conrad Behrmann war kurioserweise der erste in Hamburg geborene Hauptpastor an St. Michaelis.

Um diese Zeit fällt auch das Bemühen der Kirchenleitung, die Betreuung der deutschen Seeleute besser zu organisieren. Im Sinne dieser Bestrebungen ist

22 *Panorama der Neustadt vom Schaarmarkt zum Michel*

LIVERPOOL-HOUSE 7
Manufactur Jurgen Hagen Modewaaren
SOLO
Schaarmarkt u. Michaeliskirche

der Bau einer hafennahen Filialkirche zu verstehen, die als «Lutherkirche» am 13. März 1906 eingeweiht werden konnte.

Die Geistlichen am Michel waren natürlich, wie andere Bürger auch, eingebunden in die sozialpolitische Struktur ihrer Ära. Besonders um die Jahrhundertwende finden wir sie bisweilen verstrickt in das politische Tagesgeschehen. Damit gerieten sie manchmal in Situationen, die uns heute bedenklich erscheinen können.

Daß nationale Gedenkfeiern auch kirchlich begangen wurden, wird man dem chauvinistisch aufgeputzten Nationalismus der Wilhelminischen Epoche zuschreiben müssen, dem sicher auch die Vertreter des Klerus nicht entgehen konnten; warum man aber auch im Gotteshaus militärische Siege wie den Sedantag kirchlich feierte, das will uns Heutigen nicht mehr einleuchten.

Auch zu den Minderprivilegierten der entstehenden Industriegesellschaft hatten die eher konservativ eingestellten Prediger nicht immer den rechten Zugang.

In dem Lebensbericht von Johannes und Helene Ritter (geb. Woermann) über ihren Vater Gustav Ritter[54] (Pastor an St. Michaelis seit 1865) finden sich mehrfach Hinweise auf diese Probleme.

Johannes schreibt über seinen Vater:

> «Er hielt auch bei Amtshandlungen unbedingt auf die äußere Würde der Feier [auch wenn sie in den Häusern der Gemeindeglieder stattfanden]. Zigarren mußten fortgelegt, Rum- und Groggläser usw. aus dem Zimmer entfernt werden. So unerbittlich er in dieser Beziehung war, so verständnisvoll aber auch in allen Fällen, in denen er überzeugt war, daß keine auch nur fahrlässige Mißachtung der heiligen Handlung beabsichtigt war. So duldete er – wenigstens in den ersten Jahren – bei den Seeleuten, daß sie in sauberen Hemdsärmeln an der Feier teilnahmen, weil ihnen diese «Tracht» die gewohnte Sonntagstracht war.
>
> Dabei war es selbstverständlich, daß ein Mann, der Pastor an einer Gemeinde war, die vorwiegend die sogenannten «kleinen Leute» umfaßte, eine stark soziale Gesinnung hatte. Er hatte tiefes Mitleid mit der Not der Unbemittelten und den brennenden Wunsch, ihnen zu helfen. Freilich war er zu sehr ein Kind seiner Zeit, um in dieser Hilfe ein gesetzliches und ethisches Recht der Arbeiter zu sehen. Er war groß geworden und lebte in den patriarchalischen Anschauungen des vorigen Jahrhunderts, daß die Not der Armen durch freiwillige «Wohltaten» der Bemittelten bekämpft werden müsse ... Der Gedanke einer sozialen Gesetzgebung war ihm dabei noch fremd ... Daß ein friedlicher sozialer Ausgleich nur im Kampf geschaffen werden könne, wollte er nicht glauben. Daher verurteilte er Streik und Aussperrung als unerlaubte und gefährliche Selbsthilfe. Daß man mit der Sozialdemokratie zusammenarbeiten und -leben könne, erschien ihm, der sich durch die damals besonders scharfe Gegnerschaft

dieser Partei gegen die Kirche abgestoßen fühlte, unmöglich. Er sah in den Führern die Störer des sozialen Friedens. [Dieser] ... war ihm bis an sein Ende eine Herzensangelegenheit. Es war ihm schmerzlich, als er merkte, daß dieser Weg nicht zum Ziel führte ...»

23 *Schöner Stahlstich des Michel v. J. Gray nach Laeisz (ca. 1840)*

# *Zum zweitenmal der Schreckensruf: Der Michel brennt!*

Dem mit sachlichen Irrtümern, grammatischen Fehlern und ungeschickten Formulierungen gespickten Extrablatt merkt man die überhastete Erfassung der Situation und die entsprechende Verwirrung in der Berichterstattung an.

Es gibt eine große Anzahl von Veröffentlichungen über den Hergang der Brandkatastrophe und deren Ursachen. Die meisten von diesen sind ungenau oder irreführend. Das gilt auch zum Teil für die Augenzeugenberichte, die in den Hamburger Zeitungen abgedruckt worden sind. Es ist verständlich, daß über die Entstehungsursache in den ersten Tagen noch nichts Sicheres gesagt werden konnte. Da schossen natürlich die unterschiedlichsten Theorien wie Pilze aus dem Boden. Das oben abgedruckte Extrablatt nannte die Reparaturen an der Uhr als Brandursache; das war absolut falsch, wie wir sehen werden. In einem Bericht der «Hamburger Nachrichten» vom 4. Juli wurden zwei andere Versionen genannt. Die erste lautete, ein Lehrling habe eine Benzin-Lötlampe zum Farbabbrennen benutzt. Beim Einfüllen von zusätzlichem Benzin habe sich das ätherische Öl entzündet und die Lampe sei explodiert. Nach einer weiteren Vermutung hätten Dachdecker bei ihrer Arbeit ein Kohlenbecken benutzt, aus dem brennende Kohlen herausgefallen seien; der daraus entstehende Brand hätte nicht gleich gelöscht werden können, da ein Wasser-Reservoir oben im Turm wegen Verrostung der Anlage nicht funktioniert habe.

In wohltuendem Gegensatz zu diesen Spekulationen steht der amtliche Bericht des Branddirektors Westphalen, der in seiner Gedenkschrift folgende fachmännisch-sachliche Schilderung gibt:

# Extrablatt

Hamburg, Dienstag den 3. Juli 1906.

## Der Brand der gr. Michaeliskirche.

Um ca. 2½ Uhr bemerkte man Flammen aus dem Michaelisturm emporlodern.

Innerhalb wenigen Minuten entwickelte sich daselbst ein Feuermeer welches die Gallerie des Turmes bis zu äußersten Kuppe, umhüllte.

Immer intensiver wurde das Feuermeer und bot einen schaurig-schönen Anblick. Durch die Löcher der Zifferblätter, welche die Zeiger zwecks Reparatur seit einigen Tagen fehlen, bahnte sich das Feuer ebenfalls einen Weg. Sämtliche Dächer der umliegenden Häuser sind mit tausenden von Menschen bedeckt, die mit Wehmut diesem unserer schönsten Kirche ereilten Schicksal verfolgen.

Das Feuer dürfte durch die vorgenommene Reparatur der Uhr verursacht worden sein. Das Feuer brennt zur Zeit noch weiter. Das Kupferdach des Turmes fängt an zu schmelzen.

**3 Uhr 7 Min. stürzte der Turm nach der Richtung des Kraienkamp's ein.**

Aus dem Kirchdach schlagen die Feuergarben intensiver hervor.

Um 3 Uhr 30 Min. sind bereits 8 Häuser an der Englischen Planke von dem Feuer ergriffen und bilden ein Flammenmeer.

Druck und Verlag: M. Jolkowitz Hamburg 3

«Die Umfassungsmauern des Turmes bis zur Höhe von 38 Metern waren aus kräftigem Backsteinmauerwerk, der obere Teil aber ganz aus Holz konstruiert, bekleidet mit Holzschalung und Außenhaut von Kupferplatten. Zum Bau war meistens Föhrenholz ... verwendet worden.
Am 3. Juli 1906 arbeiteten zwei Dachdecker an der südlichen Außenseite des Turmes, ca. 15 Meter unterhalb des Wächterbodens; einige Kupferplatten der Außenhaut sollten erneuert werden. Andere Kupferplatten daselbst, welche im übrigen noch ihrem Zwecke genügten, wurden mittels einer Luftdruck-Benzinlötlampe an den Rändern geglüht, um denselben ihre, bei Herstellung des neuen Falzes hinderliche Brüchigkeit wieder zu nehmen. Bei dieser Arbeit wurde aber das Kupfer nicht etwa vorher von der Holzschalung abgelöst. Durch Glühen des Kupfers mußte demnach das direkt darunter befindliche Holz ankohlen. Diese Arbeit, ausgeführt an einem aus Holz gebauten Turm,

ist zweifellos feuergefährlich. Daß man die Arbeit aber dennoch ausführen kann, ohne den Turm in Brand zu stecken, ist dadurch bewiesen, daß in gleicher Weise die Ausbesserungen am Michaelis-, wie auch an anderen Hamburger Holztürmen wiederholt ausgeführt worden sind, ohne daß Schadenfeuer entstand. Nun hatten aber die Arbeiter am Michaeliskirchturm Teerpappe unter die Kupferplatten geschoben, um letzteren eine sichere Unterlage in Anbetracht der vorhandenen Fugen der Schalung zu geben. Der betreffende Dachdecker hat nachher die Ansicht vertreten, durch diese Teerpappenunterlage wäre die Gefahr einer Entzündung der Holzschalung beim Glühen des Kupfers vermindert worden. Aber gerade das Gegenteil ist der Fall! Die Teerpappe erhöhte die Feuersgefahr noch sehr wesentlich! Die vom glühenden Kupfer auf die Teerpappe übertragene große Wärme machte den Teer dünnflüssig, so daß letzterer auf der Holzschalung ausfloß. Dann vergaste der Teer intensiv durch die große Wärme. Das sich entwickelnde Teergas ist leicht brennbar, entzündete sich am glühenden Kupfer und bildete für Inbrandsetzung der Holzschalung und rasche Verbreitung des Feuers einen sehr guten Zündstoff.
Der Brand griff dann so rasch um sich, daß es den anwesenden Arbeitern nicht mehr gelang, das Feuer zu löschen, obgleich größere Mengen Wasser und auch geeignete kleine Feuerlöschgeräte dort vorhanden waren. Daß diese Feuerlöschgeräte sich in gutem, brauchbarem Zustande befanden, war wenige Wochen vorher gelegentlich der alljährlich stattfindenden Revision amtlich festgestellt worden. Aber zu dem Zeitpunkt ... der Entdeckung des Feuers ... genügten die kleineren Geräte nicht mehr, zumal es auch nach Sachlage nicht möglich war, den Brandherd ohne weiteres zu erreichen ...» [55]

Soweit der Bericht des Branddirektors zur Ursache des Feuers. Aus Augenzeugenberichten und Untersuchungsergebnissen läßt sich der weitere Verlauf der Katastrophe etwa folgendermaßen rekonstruieren:
Am Tage des Unglücks befanden sich fünf Personen im Turm [56]: ein Mechaniker, ein Uhrmacher, zwei Dachdecker und der im allgemeinen als «Türmer» bezeichnete Carl Beurle (eigentlich war er Morsetelegraphist im Dienste der Feuerwehr zur besonderen Verwendung).[57]
Der Uhrmacher war mit Reparaturarbeiten an der oberhalb des Wächterzimmers befindlichen großen Turmuhr beschäftigt. Dieser Uhrmacher bemerkte gegen 2 Uhr nachmittags einen brenzligen Geruch und stieg in das Dienstzimmer Beurles hinab, um ihm dies mitzuteilen. Der Telegraphist wies ihn darauf hin, daß unter ihnen mit Lötlampen hantiert werde und der Geruch vielleicht daher rühre.
Der Uhrmacher begab sich zurück an seinen Arbeitsplatz, stellte aber nach kurzer Zeit einen unzweifelhaften Brandgeruch fest und eilte wiederum hinunter zu Beurle, um Alarm zu schlagen. Er fand sich aber schon von Rauch umgeben, traf unterwegs den Mechaniker und floh mit diesem, der mit

den Örtlichkeiten vertraut war, durch eine Seitentür ins Freie und eilte in eine gegenüberliegende Wirtschaft, wo er vernehmungsunfähig zusammenbrach.
Nach einer anderen Version soll der Uhrmacher den Feuerwehrmann doch noch getroffen haben, und beide entdeckten den Brandherd. Mit Hilfe der Dachdecker versuchten sie, den Brand zu löschen. Aber es war zu spät. Statt nun sich selbst in Sicherheit zu bringen, rannte Beurle noch einmal in sein Dienstzimmer und telegraphierte zur Hauptfeuerwache am Schweinemarkt: «Feuer im Turm!» Sicherlich hat er danach versucht, im Innern des Turms abwärts zu entkommen; denn ein im Vorraum des Wächterzimmers befindlicher Rettungsapparat, mit dessen Hilfe er sich auf das Kirchendach hätte hinabseilen können, wurde nicht von ihm benutzt. Wahrscheinlich ist er vom Rauch überwältigt zusammengebrochen.
Von den inzwischen eingesetzten Feuerwehrleuten erfuhr man, die von der Turmtreppe herabstürmenden Handwerker seien ihnen noch auf der Treppe begegnet. Ein Feuerwehrmann versicherte, er habe den pflichtgetreuen Kollegen Beurle noch vom Turmrumpf aus gesehen, wie dieser, die linke Hand an dem Gitter, die rechte schlaff über der Brüstung und mit herabgeneigtem Kopfe tot oder ohnmächtig an seinem Fenster mehr gehangen als gestanden habe.
In einer zeitgenössischen Kleinschrift[58] wird diese Beobachtung des Feuerwehrmanns offenbar bestätigt. Darin heißt es:

> «Beurle wohnte Krayenkamp 13, III. Etage. Während es einem der fünf auf dem Turm arbeitenden Menschen gelang, das von Beurle befestigte Tau zu benutzen, um sich herunter zu lassen[59], mußte er selbst diesen Rettungsweg aufgeben, da das Tau mittlerweile Feuer gefangen hatte. Als er schließlich keinen Ausweg mehr sah, legte er sich weit über die Fensterbrüstung und winkte, mit beiden Händen den Helm schwenkend, seinen Angehörigen die letzten Grüße zu. Die acht hinterlassenen Kinder hatten alle Mühe, die schwergeprüfte Frau, die den Anfang des Feuers von ihrer Wohnung aus genau verfolgen konnte, vom Fenster fortzubringen, damit ihr wenigstens dieser schauerliche Anblick erspart blieb.
> Plötzlich hielten die Schwenkungen inne und er verschwand im Hintergrund. Seitdem weiß man nichts mehr von ihm. Tags zuvor hatte er sich in voller Uniform (Dt.-Franz. Krieg 1870/71, I. R. 76) vor seine Frau hingestellt und gesagt: «Man weiß nicht, ob ich noch mal dazu komme, ich will morgen doch mal zum Photographen gehen, damit ihr mal ein Bild von mir bekommt».

Beurle war das erste Todesopfer der Brandkatastrophe, ein ruhiger, besonnener Beamter, seit elf Jahren auf dem Michaelisturm stationiert, nachdem er vorher, 19 Jahre lang, auf anderen Türmen Dienst getan hatte. Besonders

*24, 25, 26 Der Brand von 1906, v. Koppmann fotografiert*

tragisch an seinem Tod war, daß ihn ein solches Schicksal ein halbes Jahr vor seiner Pensionierung ereilte.

Das Feuer hatte sich mit rasender Geschwindigkeit ausgebreitet. Als die drei Züge der Feuerwehr zur Stelle waren, gab es nicht mehr viel zu retten. Um halb drei begannen am Turm das glühende Kupfer und die Zinnplatten herunterzulecken, wenig später stürzten die Zifferblätter der Uhr mit gewaltigem Krachen, um 3 Uhr folgte die Turmverkleidung. Die Trümmer wurden auf Nachbarhäuser und die Straße (Englische Planke) geschleudert. Man konnte durch das glühende Balkengerüst des Turmes wie durch ein Feuer-Gerippe hindurchsehen. Das Spektakel hatte natürlich Scharen von Neugierigen angelockt, die von der Polizei, zeitweise mit blanker Waffe, zurückgehalten werden mußten. Die Häuser im Umkreis waren geräumt worden. Flüchtende Bewohner schleppten ihre bewegliche Habe über geschmolzene Telefon- und Straßenbahndrähte und herumliegende Eisenstangen hinweg. Die verängstigten Pferde der Feuerwehr wieherten in größter Erregung und waren kaum zu halten. Von St. Katharinen ertönte ein trauriges Grabgeläute herüber.

Um 7 Minuten nach drei – zum Entsetzen der tausendköpfigen Zuschauermenge – sank Sonnins herrlicher Turm in sich zusammen. Glücklicherweise, muß man sagen; denn wenn er als brennende Fackel zur Seite gekippt wäre, hätte das sicherlich vielen Menschen das Leben gekostet und vielleicht ganze Häuserblocks in das Inferno hineingezogen.

Es gibt einen Augenzeugenbericht, veröffentlicht in den «Hamburger Nachrichten» vom 7. Juli, der mit offenbarem Sachverstand den Sturz des Turmes schildert und darum wert ist, zitiert zu werden:

> «Um 2 ½ Uhr drangen Qualm und Flammen aus mehreren Öffnungen der Galerie, aus den offenen Zeigerlöchern, rings oberhalb der Uhr, und – was sehr merkwürdig war – auch schon aus der Basis und aus der Spitze des auf 8 Säulen aufliegenden Turmhelms heraus. Merkwürdig war dies deshalb, weil die Säulen noch keine Spur von Flammen verrieten und bis dahin, ja sogar bis zum Sturze des Turmes, scheinbar ganz unversehrt blieben. Flugfeuer existierte zu dieser Zeit ebenfalls noch nicht und dennoch brannte schon der Turmhelm. Wer mit der Konstruktion des Michaelisturms vertraut ist, wird diese Eigentümlichkeit erklären können; die 8 Meter hohen und 1,20 Meter dicken Säulen, außen mit Kupfer verkleidet, bestanden aus innen ausgehöhlten Baumstämmen; sie bildeten also gleichsam riesige Holzröhren – Meister Sonnin kannte offenbar schon das Gesetz, daß hohle Körper eine größere Tragfestigkeit besitzen als massive. In diesen Hohlräumen muß sich mithin das Feuer vom Uhrgeschoß aus in die Kuppel fortgepflanzt haben, und in der Tat drang bald aus den Säulenkapitälen dicker Rauch hervor. Im zweiten sehr hohen Stockwerk, das vom massiven Unterbau bis zum Uhrstockwerke reichte und ganz

aus Eichen- und Föhrengebälk bestand, verbreitete sich der Brand schnell nach abwärts. Die Hitze im Turm wurde immer gewaltiger, das vermochte man durch die Fenster deutlich zu erkennen, denn aus ihnen glänzte eine fast weiße Glut hervor. Trotzdem hielt die ziemlich widerstandsfähige Kupferbekleidung des Holzbaues lange genug stand, und erst von 2¾ Uhr ab hatte sie das Feuer so weich gemacht, daß sie, großen Lappen gleich, abblätterte und in die Tiefe sank.

Da der Wind von Nordosten wehte, machte der Brand an der Südwestseite des Turmes die schnellsten Fortschritte und schwächte infolgedessen auch die Tragfähigkeit der eichenen Balken des 2. Stockwerks an dieser Seite resp. Ecke am meisten. Man durfte also mit ziemlicher Sicherheit erwarten, daß sich der Turm bei seinem Zusammensturz nach Südwesten, d. h. etwa dem Braunschen Geschäftshause in der Englischen Planke, zuneigen würde. Doch die Schwächung des Balkenwerkes war immerhin eine ziemlich allgemeine, und so durfte man weiter darauf rechnen, daß der Turm nicht in eigentlichem Sinne umfallen, sondern im Hinblick auf die ungeheure Last des noch größten Teils erhaltenen Säulen- und Kuppenbaus vorwiegend in sich selbst zusammensinken würde.

Das geschah auch in der Tat. Um 3 Uhr 7 Minuten neigte sich plötzlich die Fahnenspitze nach Südwesten – die Südwestecke hatte ihren Halt verloren – dadurch lösten sich momentan alle noch notdürftig zusammenhaltenden Verbände des Gebälks, das an der entgegengesetzten noch stabilen Nordostecke nach außen herausgedrängt wurde, und das gigantische Bauwerk stürzte mit unbeschreiblicher Gewalt zusammen. Die Geräusche bestanden hierbei aus einem dumpfen Brechen, Prasseln, Donnern und Brausen, es war ein beispielloser Lärm.

Die Temperatur während des Brandes läßt sich ziemlich genau an den niedergegangenen Metallteilen bestimmen ... Danach kann man annehmen, daß die Hitze im Holzgeschoß rund 1100°, im Sockelbau 1200° bis 1500° erreicht hat. Im Kirchenschiff kam es durch die Arbeit der Feuerwehr nicht zu solchen Temperaturen.»

In den Zeitungen Hamburgs erschienen in den ersten Tagen nach dem Brand noch zahlreiche andere aktuelle Augenzeugenberichte, von denen hier noch zwei weitere genannt werden sollen, weil sie so konkret lebendig die Lage schildern und auch Einzelheiten enthalten, die noch nicht beschrieben worden sind.

Oskar Kotze, der Inhaber des elektrotechnischen Installationsgeschäfts Englische Planke 7, teilte dem Reporter des «Hamburgischen Correspondenten» folgendes mit:

«Ich hatte vor dem Mittagessen in meinem Kontor im ersten Stockwerk gearbeitet. 142 Halbjahresrechnungen lagen fertig auf dem Tisch. Etwa 2½ Uhr begab ich mich in die zweite Etage, wo wir zu essen pflegen. Meine Frau war im Schlafzimmer mit Umkleiden beschäftigt. Kaum hatte ich im Eßzimmer Platz genommen, als unsere Schneiderin, die im Dachzimmer arbeitete, herunterge-

Brand der Michaelskirche am 3. Juli 1906.
Einsturz des Turmes.
G. KOPPMANN & Co Hamburg 1906.

25

26

laufen kam und angstvoll rief: «Um Gotteswillen, der Michaelisturm brennt!». Ich legte diesem Ausruf anfangs keine große Bedeutung bei, denn schon manchmal im Laufe der 18 Jahre, in denen ich mein Geschäft betreibe und besonders in den 10 Jahren, seit ich an der Englischen Planke Nr. 7 wohne, hat es geheißen, auf dem Kirchenboden sei Feuer, was sich jedesmal als Irrtum erwiesen hatte. Man hatte wohl das Lötfeuer der Dachdecker für eine beginnende Feuersbrunst gehalten. Immerhin eilte ich ans Fenster des Hinterzimmers und öffnete es, um hinaufzusehen. Da kam mir aber schon ein so atemberaubender Qualm und solche Gluthitze entgegen, daß ich sofort das Fenster wieder schloß. Vom Turm war nichts zu sehen – Rauch und darin zuckende Flammen hüllten ihn auf dieser Seite völlig ein, denn der Wind stand zu uns herüber. Sofort war mir der ganze Ernst der Situation klar. Meine Gedanken richteten sich zunächst nur auf Rettung meiner Familie und sonstiger Hausgenossen: meiner Frau, meiner drei Töchter, einer Nichte, der Schneiderin und der in der Werkstatt arbeitenden 6 Gesellen, mit mir also 13 Personen. Ich rief den Meinen zu, schnell auf die Straße zu fliehen, denn nach dem Stand der Dinge war zu befürchten, daß jeden Augenblick der Turm fallen könnte. Schon wurde die Hitze unerträglich und die Betten im Hinterzimmer fingen an zu schwelen. Dann lief ich in den Keller, um die 6 Monteure zur Flucht zu veranlassen. Als ich, sofort wieder hinaufeilend, im Erdgeschoß anlangte, packten mich Schutzleute und zerrten mich ins Freie. Kein Einspruch half, daß ich erst meine Familie und einige wichtige Geschäftsbücher in Sicherheit bringen müsse – ich wurde unter dem Hinweis, daß der Turm gleich stürzen würde, mit Gewalt auf die Straße gebracht. Meine Familie, so wurde mir gesagt, sei schon geholt. Tatsächlich war es auch so. Meine Frau hatte nicht Zeit gehabt, sich eine Bluse überzuziehen, nur mit dem Korsett und einem Rock bekleidet, zwei Kästchen mit Schmucksachen in den Händen, wurde sie auf die Straße gezerrt. Die Goldsachen entfielen ihr dabei und sind nicht wieder zum Vorschein gekommen. Auf der Straße, wo aus allen Häusern Alt und Jung schreiend durcheinanderlief, traf ich mit meiner Familie wieder zusammen, doch fehlte unsere 13jährige Else. Ich wollte ins Haus zurück, doch Beamte des Roten Kreuzes versprachen, daß sie nachsehen würden. Sie kamen aber aus dem schon brennenden Haus zurück mit dem Bemerken, daß sie niemand gefunden hätten. Das Kind suchten wir den ganzen Nachmittag und Abend und unsere Angst war unbeschreiblich. Else hatte die Gewohnheit, sich nach Rückkehr aus der Schule zuhause an einen stillen Ort zu setzen und dort einzuschlafen. Glücklicherweise fanden wir das Kind gegen 11 Uhr mit versengten Haaren und ganz erschöpft in der Schlachterstraße umherirrend ...» (Herr Kotz hatte also alle seine Habe verloren, Haus, Geschäftspapiere, Geld, Werkzeuge. Mit Hilfe von Kollegen konnte er sich im Michaeliskirchhof provisorisch einige Tage später etablieren.) Er endet seinen Bericht:

«Sehr eigentümlich hat es mich dabei berührt, daß das Telephonamt mir die Einrichtung des unentbehrlichen Telephons in meiner neuen Werkstatt zunächst abschlug, bis ich die mit meiner alten Wohnung verbrannten Apparate ersetzt hätte (Heiliger Bürokratius, bitte für uns!) ... Ähnlich wie mir ist es einigen anderen Bewohnern der Englischen Planke ergangen, z.B. dem Tanzlehrer Kraatz und dem Inhaber einer gutgehenden Speisewirtschaft.» (Hamb. Corresp., 13. Juli 1906)

Als letzter der Augenzeugenberichte soll der des Herrn Panzer erwähnt werden, weil dieser als Küster und damit als einer der ersten Beamten der St. Michaeliskirche sozusagen «offiziell» aussagen konnte und zudem wichtige Hinweise zu geben in der Lage war über den Verbleib bzw. die Rettung der Kirchenschätze. Die «Hamburger Nachrichten» am 8. Juli berichten nach einem Interview mit Herrn Panzer:

«Er stand am Dienstag nachmittag etwa nach zwei Uhr an seinem Pult im Seniorat, von wo man auf den Michaelisplatz hinüberblicken kann. Es mochte ungefähr ein Viertel nach zwei sein, als er zufällig beim Aufblicken sah, wie auf der Straße einige Leute stehen blieben, nach dem Turm hinaufschauten und lebhaft gestikulierten. Er trat ans Fenster und bemerkte nun zu seinem tödlichen Schrecken, wie aus der Gegend des Glockenbodens und etwas darüber eine Rauchwolke hervorschoß, mit einer solchen Kraft und in einer solchen Form, als wäre sie aus dem Schornstein eines Dampfschiffes hervorgestoßen.

Der Rauch war dick und schwarz. Er eilte aus der Tür, riß die Kirchenschlüssel vom Haken, rief laut ins Haus hinein ‹der Turm brennt› und stürzte so schnell er konnte nach dem Eingang des Turmes, um die Leute zu warnen, von denen er wußte, daß sie im Turm arbeiteten. Er fand die Tür schon offen, zugleich mit ihm kam der Türmer Petersen von seiner Wohnung gelaufen. Petersen ist der von der Kirche angestellte Turmwächter, während der verbrannte Breule (richtig: Beurle) als Telegraphist der Feuerwehr angestellt war.
Petersen rief ihm zu, daß der Draht zum Glockenturm nach dem Dienstzimmer von Beurle schon zerrissen sei; nun versuchten sie durch das Sprachrohr hinaufzuschreien, es kam aber keine Antwort. Als sie den Turm einige Stufen hinaufliefen, stürzte noch ein flüchtender Dachdecker an ihnen vorbei. Sie waren sehr besorgt um das Los des Schlossers, des Uhrmachers und des Türmers, die noch über der Brandstelle gearbeitet haben mußten; sie wußten noch nicht, daß sich diese schon gerettet hatten. Herr Panzer warf schnell, wie ihm dies bei einer Revision von den Feuerwehrbeamten empfohlen war, sofort die große eiserne Tür zu, die vom Turm zur Kirche führte. Freilich hat dies nicht genützt, da durch die herabfallenden Turmtrümmer das Kirchenschiff überall in Brand geriet.
Beide stürzten nun wieder aus dem Turme heraus, und Herr Panzer lief in seine gegenüber liegende Wohnung, um die Schlüssel für die Schränke im Kirchenschiff und in der Sakristei zu holen. Als er wieder herauskam, waren auf dem Platz schon die Feuerwehren unter Leitung von Branddirektor Westphalen eingetroffen, der sofort erklärte, es dürfe niemand mehr in die Kirche hinein, bis der Turm herabgestürzt sei. Als dann nach drei Uhr der Turm gefallen war, drangen Herr Panzer, Prof. Brinckmann, Stadtmissionar Straube, die Söhne von Pastor Bertheau und eine Anzahl anderer Herren sofort in die Sakristei, um die Wertsachen zu retten, die in einem eisernen Doppeltresor verwahrt waren. Über die Rettung der eisernen Leuchter usw. nach dem Seniorat hinüber haben wir schon früher berichtet. Wie uns Herr Panzer ferner erzählte, hatte irgendjemand einen Havelock[60] mitgebracht, in den die übrigen Silberschätze, die Kannen, Kelche, Oblatenteller, kleinen Leuchter etc. rasch hineingepackt und dann von Herrn Erdmann, Herrn Straube und Herrn Panzer schnell ins Haus Pastorenstraße 13 zu Dr. Bertheau gebracht wurden. Auch Senator Holthusen, der Kirchspielherr von St. Michaelis, war gleich mit den ersten zum Retten in die Kirche gekommen und 30 bis 50 andere Herren waren ebenfalls eifrig beim Retten beschäftigt, als Herr Panzer mit den anderen beiden Herren aus der Pastorenstraße zurückkam. Er lief nun schnell zu den der Sakristei gegenüberliegenden Garvekammern neben dem Altar, um dort aus den alten Schränken die Drucksachen, alten Handschriften usw. herauszuschaffen. Die Schränke, die in der Eile nicht aufgeschlossen werden konnten, wurden schnell aufgebrochen und die herausgenommenen Sachen teils im Seniorat, teils in den Pfarrhof Kraienkamp 2/3 gebracht. Inzwischen hatten andere schon den Taufstein gerettet (ein Geschenk von Deutschen in Italien, jetzt im Seniorat), ferner den großen Gotteskasten, viele schmiedeeiserne Wertstücke usw.
Nun versuchte man das große Altarbild (von Tischbein), das mit einer Persen-

27 *Ruine der Kirche mit den Häusern der Englischen Planke, die dem Brand zum Opfer fielen*

> ning überzogen war, zu retten. Zwar gelang es, die Persenning herunterzureißen, aber man konnte das Bild nicht aus dem Rahmen herausbekommen. Herr Panzer versuchte, an einer Leiter hinaufzuklettern, um mit seinem Messer das Bild herauszuschneiden, aber auch dies gelang nicht, da die Leinwand zu hart war, und auch das Holz hinter dem Bilde ein Herausschneiden fast unmöglich machte. Als man sich noch um das Altarbild bemühte, erscholl plötzlich von allen Seiten der Ruf der Feuerwehrleute: ‹Raus, raus!› Die Orgel auf der anderen Seite der Kirche brannte schon lichterloh und jetzt begann auch von der Decke das Gesimse herunterzustürzen und geschmolzenes Kupfer herabzulekken. Die hellen Flammen züngelten bereits über dem Altar, und nur mit Mühe und Not gelang es den mutigen Rettern, noch glücklich das Freie zu gewinnen, gleich hinter ihnen stürzte schon das Gewölbe ein.»

Eine vorläufige Bilanz am Tage danach ergab, daß außer den von Herrn Panzer angegebenen Gegenständen nur wenig gerettet werden konnte: darunter die Fahnen der Hanseatischen Legion, ebenso die rote Feuerlaterne und rote Feuerfahne, die früher bei Feuer nach der Richtung des Feuers hin ausgestreckt wurden. Vom Inneren konnte kaum etwas den Flammen entrissen werden; nur das Kellergewölbe hatte standgehalten, die Gräber waren unversehrt, auch ein Schrank mit alten Büchern konnte gesichert werden. Viele Wertstücke hätten den Brand wohl überlebt, wenn ein großer feuersicherer Behälter, der bestellt war, rechtzeitig geliefert worden wäre. Aber das Feuer war schneller.

Die vom Turm an der Südwestecke des Sockels herabgestürzten beiden großen Glocken waren, halb geschmolzen, durchglüht, fast völlig in den Boden eingeschlagen. Fragmente davon wurden eilige Beute von Andenkenjägern. Die Betglocke fiel wenige Meter von der Südseite der Turmmauer auf die Straße; tief in den Schutt eingebettet, ragte sie mit dem relativ unversehrten Kopf daraus hervor. Die Turmspitze mit der Kugel war mitten in die Englische Planke gefallen. Der Inhalt der Kugel mit den wichtigen Dokumenten der Kirchengeschichte konnte geborgen und dem Senator Holthusen übergeben werden.
Die sogenannte «Ministerial-Bibliothek» auf der Plattform über dem Kirchensaal (links vom Altar) ist dem Brand leider auch zum Opfer gefallen; ein unersetzlicher Verlust. Man kann nur vermuten, um welche Kostbarkeiten es sich dabei gehandelt hat.
Immerhin haben wir von einigen Titeln Kenntnis durch die «Erinnerungen» von H. F. Beneke, der um die Jahrhundertwende mit Katalogisierungsarbeiten in dieser Bibliothek beauftragt war. Er schildert in seinem Bericht[61], was er im Laufe seiner Tätigkeit an interessanten Funden ans Licht gebracht hat; so etwa verschiedene Sammelbände von bedeutendem Quellenwert, auch für die Geschichte von Stadt und Kirche.
Unter ihnen befanden sich auch Schriften kuriosen Inhalts, die er sich zu späterer Verwendung in Stichworten notiert hatte, darunter etwa eine Luftreise nach Spitzbergen, «Gallerie der Teufel» (Gegen Goeze, in dem berühmten Kirchenstreit), über den Kirchenschlaf, einen Kirchen- und Ketzer-Almanach, einen zum Galgen verurteilten bekehrten Juden etc.
In einem Predigtband ergötzte ihn «Eine erbauliche Predigt über Offb. Joh. 22,12, in der von Anfang bis zum Ende nie der Buchstabe «R» vorkam, vormals gehalten zu Königsberg von Joh. Conradin a Bonorando, Prediger aus Graubünden, aufs neue gedruckt 1799».
Als Beispiel für die überladen-schwülstige Sprachakrobatik der Barockzeit, die auch und gerade in der theologischen Erbauungsliteratur die seltsamsten Blüten trieb, gibt Beneke den Titel eines geistlichen «Gedichts» zum besten, in welchem der erste Hauptpastor von St. Michaelis, nämlich Georg Haccius, erwähnt wird (s. S. 89).
Dieses Titelungetüm von Herrn Magister Franz von Sooste fand sich angebunden an die «Sonderbahren Bußpredigten» von Georg Haccius, offenbar aus seiner Mindener Zeit. Die beiden letzten Zeilen des obigen Satzungeheuers sind außer ihrem schwerverständlichen Poesiegehalt noch zusätzlich belastet mit einer im Stil der Zeit verschlüsselten Zahl-Buchstaben-Spielerei. Auf-

Zions
Herz-Schmerzlich-Ach-Seufzenden
Herz-freudigst-Triumph-Jauchzenden
Anagrammatisch-Echoonische
Gleich-Sillabisch, Onomastich-Eteostichscher
Quadrain, Jambisch-Anapästische
Trauer-seufzend, doch jauchzend Triumphirende
Leidens und Friedens,
Krieges und Sieges
Posaune
als
Seine Geistbrünstige Buus-, Bät- und
Dank-Stimme wie eine Posaune,
Seel- und Mund-ermuntert erhaaben
Der Wol-Ehr-würdige Grosachtbare
und hochbeliebte Gelaarte, Herr
M. Georg Hakzius
und denen ihm angeschworenen Marianischen
Seelen-Schäflein zu Minden bei nuun verjaarten
Türken-Krieges-Zuuge
den Buus-, Bät- und Dank-Schall
Im öffentlichen Predigt-Diskurs
eifrigst zugetönet, wie solchem
Geistes-erfreulichen und Seelen-Gedeihlichen
Posaunen-Klange
Seinen Ach-Frid- Triumpff- und
Dank-dichtenden Zuschall
Dem Höchsten zu Ehren, dem Autor zur Liebe,
Di Kirche zu mehren, dass Buusse man übe,
In hisig-gering-fügigem Nachhall hat aller
innigst-freudigst poetisch mittönend also nach
klingen lassen
M. Franz von Sooste
Kaiserlich gekrönter Poeta
aus Herfurd in Westphalen
Jaars und Taages des Junius
aLs bVVsse saMt bäeten
aVCh Danken Von nöten VVaar!

*28 Alter Kandelaber, der aus der brennenden Kirche gerettet wurde (Foto: Rosenke)*

gelöst liest sich der Text: als Buße samt Beten, auch Danken vonnöten war. Dabei sind die Groß-Buchstaben L, V, M, D und C als Römische Ziffern 50, 5, 1000, 500 und 100 aufzufassen, so daß sich daran durch geschicktes Kombinieren die Zahl 1680 heraustüfteln lassen soll.

Die Schäden an den Gebäuden der unmittelbaren Umgebung hielten sich in Grenzen, wenn man bedenkt, welches Ausmaß die Katastrophe angenommen hätte, wenn der brennende Turm in voller Länge auf die Häuser der anliegenden Straßen gefallen wäre. Bei entgegengesetzter Windrichtung wären die altehrwürdigen Krameramtswohnungen am Krayenkamp mit Sicherheit ein Opfer der Flammen geworden. Da aber der Wind aus Nordost wehte, wurden hauptsächlich die Straßen Englische Planke und Mühlenstraße betroffen. Und hier waren die Schäden allerdings beträchtlich.
Die Häuser Nr. 2 bis 9 der Englischen Planke und das Braunsche Grundstück (Nr. 12–18) brannten völlig aus, während die Häuser Nr. 10, 11 und 21 mehr oder minder stark in Mitleidenschaft gezogen wurden, ebenso beschädigt wurden Mühlenstraße 1 bis 8 und 13 dahinterliegende Gebäude, sowie die Kirche der Baptistengemeinde in der Böhmkenstraße.
Leider war auch nach dem Tod des Turm-Telegraphisten Beurle noch ein weiteres Menschenleben zu beklagen. Der Heizer Steding hatte zur Zeit des Brandes im Keller des Hauses der Firma Braun gearbeitet. Er soll schwerhörig gewesen sein und wird den Brand erst bemerkt haben, als es zu spät war.

Die «Hamburger Nachrichten» vom 7. Juli melden darüber:

> «Der Heizer Steding ist dadurch im Keller verunglückt, weil niemand ihm eine Mitteilung von der schleunigen Räumung der Häuser machen konnte, da alles Hals über Kopf hinausstürzen mußte. Der Zugang zum Keller war nur durch den Fahrstuhl möglich oder durch einen langen Gang, der nicht vom Laden, sondern von der Straße ausging. Der Unglückliche muß direkt durch das ausströmende glühend heiße Wasser des Kesselhauses bei lebendigem Leibe gekocht sein. Später erst ist der Körper verkohlt.»

Trotz aufopfernder Arbeit der Feuerwehr konnte die Leiche zunächst nicht geborgen werden; selbst der Einsatz von Spürhunden brachte keinen Erfolg. Später fand man den Toten «in der Nähe der Maschine, verstümmelt, zuerst ein Armfragment, dann Knochenteil und zuletzt den Rumpf».

Im ganzen zählte man 145 beschädigte oder verbrannte Häuser und Geschäfte, darunter auch die Silberwarenfabrik von A. C. Franck (Englische Planke 18).

Übrigens war der Kirchenbau nicht versichert; lediglich die Orgel mit 100000 Mark und das Inventar mit 50000 Mark, und zwar bei der Londoner Phoenix Co. Diese Firma versuchte – wie das Versicherungen zu tun pflegen –, den Schadensanspruch zu ihren Gunsten herunterzuspielen, indem sie geltend machte, aus dem Ruinenschutt sei eine größere Menge von Zinn (aus dem geschmolzenen Metall der Orgelpfeifen) geborgen worden. Dieser Wert müsse von der auszuzahlenden Summe abgezogen werden.

Die Schreckenskunde von der Brandkatastrophe löste in Hamburg, in ganz Deutschland und darüber hinaus eine Welle der Sympathie, des Mitleids und der finanziellen Unterstützung aus. Unter den Spendern waren sogar Kinder, die ihr Spielzeug opfern wollten. Die Presse berichtete von zwei kleinen Mädchen, die ihren Spartopf, gefüllt mit Kupfer- und Nickelmünzen, vor dem Senior leerten mit dem treuherzigen Beteuern: «Damit Sie nicht mehr so traurig sind!» Die französisch-reformierte und andere nicht-lutherische Kirchen ließen sich ebenfalls nicht lumpen. Ein heimattreuer Amerikaner überwies telegraphisch spontan 1000 Mark. Der zu einem Staatsbesuch in Hamburg gerade eingetroffene König von Sachsen, Friedrich August, spendete mit seiner Beileidsbekundung eine namhafte Summe. Auch S. M., der Kaiser, schickte ein Beileidstelegramm mit der Bitte, ihm Bilder von der Katastrophe auf seine Jacht übermitteln zu lassen. Auf der Spenderliste habe ich allerdings seinen Namen nicht finden können.

Hamburg wäre nicht schon damals «Merkurs eigene Stadt» gewesen, wenn sich nicht auch der Kommerz ein wenig in das Ereignis des Jahres hineingemogelt hätte. Verkäufer von Postkarten von den Phasen des Brandes hatten

# Carl Hagenbeck's Tierpark,

**Stellingen.**

**Bekanntmachung.**

Um Irrtümern vorzubeugen, mache ich dem geehrten Publikum hierdurch bekannt, dass mein Tierpark noch nicht offiziell eröffnet ist, da ein Teil der Anlagen, das Eingangsportal, sowie das Restaurationsgebäude sich noch im Bau befinden. — Vielfachen Wünschen entsprechend, gestatte ich jedoch dem geehrten Publikum gegen eine Eintrittsgebühr von 50 Pfennigen à Person, Kinder die Hälfte, den im Ausbau befindlichen Tierpark bis zu seiner definitiven Eröffnung schon jetzt in Augenschein zu nehmen.

**Die ganze Brutto-Einnahme am Sonntag, den 8. ds. Mts., wird dem Baufonds zum Wiederaufbau der großen Michaeliskirche überwiesen werden.**

Ein Besuch ist sehr lohnend, da der Park momentan mit Tieren reicher bevölkert ist, denn je zuvor. — Dressurproben finden statt: Vormittags 11½ Uhr, nachmittags um 4, 5½ und 7 Uhr. Wochentags: Nachmittags um 4 Uhr. Fütterung der Raubtiere, mit Ausnahme des Montag, um 5 Uhr nachmittags.

**Carl Hagenbeck.**

Souvenir-Löffel
von der Hamburger
**Michaeliskirche**
in feiner Emaille-Ausführung
empfiehlt
**Martin Meyer**
Juwelier
Altona. Rathausmarkt 16.

Hochkonjunktur. Die abgebildete Großanzeige des im Entstehen begriffenen Tierparks von Carl Hagenbeck (Hamburger Nachrichten vom 7. Juli) muß nicht, aber könnte auch als diskrete Schleichwerbung aufgefaßt werden. Aber auch unverhüllte kommerzielle Ausbeutung der Katastrophe war nicht zu übersehen; als Probe davon möge die Werbung für «Souvenir-Löffel in feiner Emaille-Ausführung» genügen.

Das beherrschende Thema der Wochen und Monate nach dem 3. Juli war natürlich neben den periodisch erscheinenden Spendenaufrufen und -listen (wer hat wann wieviel gegeben) die Frage des Wiederaufbaues der Kirche.

Es gab Stimmen, die für eine gänzlich neue, im Stil der Zeit gestaltete Form (Jugendstil) plädierten, da jede Periode sich auch in ihren Bauwerken selbständig präsentieren müsse, statt Vergangenes nachzuäffen. Andere traten aus pastoralen Gründen für zwei oder mehrere kleinere Gotteshäuser ein mit der Begründung, man brauche nicht ein viel zu großes kirchliches Prunkstück «zur bloßen Augenweide», sondern dezentralisierte Gebäude. Heimischen Architekten könne damit auch Gelegenheit gegeben werden, modernere Konzepte zu entwickeln.

Die überwältigende Mehrheit der Bevölkerung sprach sich jedoch, wie zu erwarten war, für den Wiederaufbau der Kirche Sonnins nach den alten Plänen aus; denn der Michel war für Hamburg eben nicht irgendeine Kirche, sondern darüber hinaus – und vielleicht vorwiegend – ein unersetzbares Wahrzeichen der geliebten Heimatstadt. Dies kommt auch zum Ausdruck in einem von Gustav Falke verfaßten Gelegenheitsgedicht, das vielen Hamburgern aus dem Herzen gesprochen war.

## SANKT MICHEL

Hans Timm läuft in die Elbe ein.
Bald grüßt nach manchem Sturm
Ihn Hamburgs grüner Edelstein,
Sankt Michels stolzer Turm.

Wie oft hat ihm nach weiter Fahrt
Das Herz darob gelacht,
Wenn er auch nicht, nach Seemannsart,
Viel Wesens davon macht.

Von innen sah er Michels Haus
Nicht oft. Es tut ihm leid.
Nur einmal ging er ein und aus:
Im schwarzen Firmelkleid.

Seitdem – der Himmel wird's verzeihn –
Kann er doch sonst bestehn –
Hat Kirchenschiffe «uns Kaptain»
von außen nur besehn.

Doch immer wird's ihm weich zu Mut,
Fast fromm, wenn hoch herab
Des großen Michels grüner Hut
Den Heimatgruß ihm gab.

Vergeblich sieht er heute aus,
Sein Blick irrt hin und her.
Der Lotse lehnt am Kartenhaus:
«Kaptain, de steiht nich mehr!»

Er weiß es ja, er hört' es ja,
Und doch, er guckt und guckt:
Der große Michel nicht mehr da!
Vom Feuer weggeschluckt.

So hat noch nichts ihn angepackt,
Kaum will's ihm in den Kopf.
Der Lotse kaut und spuckt und schnackt,
Das brodelt wie ein Topf.

Dem Schiffer wird das Sprechen schwer:
«Dat harr nicht sien müßt, Hein.»
Dann nimmt sein Glas er wieder her,
Und wischt es sorgsam rein.

Und hat es zehnmal keinen Zweck,
Und zittert ihm die Hand,
Er sieht noch immer nach dem Fleck,
Wo sonst Sankt Michel stand.

von Gustav Falke, veröffentlicht in Hamb. Nachrichten, 15.7.1906.

Die Frage des Wiederaufbaues wurde schließlich auch von den zuständigen Behörden im Sinne der überwiegenden Mehrheit des Volkes entschieden: Sonnins Werk sollte in alter Pracht wiedererstehen, wenngleich mit gewissen unwesentlichen Abwandlungen, die durch Erfordernisse moderner Sicherheitsvorkehrungen bedingt waren.

Obwohl seit Ende des 19. Jahrhunderts Kirche und Staat keine organisatorische und juristische Einheit mehr bildeten und infolgedessen die Erbauung einer Kirche theoretisch eben dieser Kirchengemeinde oblag und nicht der Stadt (und damit auch die Finanzierung), so herrschte doch fast Einstimmigkeit darüber, daß es sich beim Neubau des Michels um ein Projekt handelte, das über den Rahmen des Kirchlichen hinausgehe und damit würdig sei, von der Stadt jede erforderliche Hilfe zu erhalten, einschließlich substantieller Geldmittel.

In welcher Form dies geschehen könnte, darüber gab es allerdings erregte Diskussionen.

Aufschlußreich in dieser Beziehung waren die Debatten in der Bürgerschaft. Eines der damaligen Protokolle möge hier zitiert werden, zumal es auch als zeitgeschichtliches Dokument von unterschiedlichen Aspekten her der Beachtung wert ist:

*Sitzung der Bürgerschaft vom 7. Juli 1906*
*(n. d. Hamb. Nachrichten vom 8. Juli 1906):*

> Antrag von J. F. Th. Engel und 104 Genossen einer gemeinschaftlichen Kommission betr. Wiederaufrichtung der Großen St. Michaeliskirche und evtl. Wahl der sechs bürgerschaftlichen Mitglieder dieser Kommission.
>
> Präsident Engel: Ich darf mich heute wohl kurz fassen, da an der Annahme unseres Antrages wohl kein Zweifel bestehen kann. Er hoffe, daß die schöne Kirche baldmöglichst in mindestens ebenso schöner Form wieder erstehen möge ... einem möglichen Vorwande möchte ich aber entgegen treten, nämlich dem Einwand, daß der Staat für die Aufbringung der Mittel nicht zu sorgen habe. Dieser Einwand sei nicht stichhaltig, da die Kirche mit zum Stadtbilde behöre. Unbeschadet des Glaubensbekenntnisses der einzelnen Bürger herrsche in der ganzen Stadt die Meinung, daß diese Kirche wieder neu hergestellt werden müsse ... Private Hilfstätigkeit könne da nicht allein aushelfen, so sehr sie auch anzuerkennen sei, schon allein weil diese nicht ausreiche. Die Bürgerschaft habe dem schon Ausdruck gegeben durch ihren Antrag, die Michaeliskirche in würdiger Form wieder zu errichten. In diesem Sinne bitte er an die Beratung heranzutreten, er appelliere an den Patriotismus der Bürgerschaftsmitglieder. (Einstimmiges Bravo.)
>
> Vizepräsident Dr. Wex verliest hierauf die von uns bereits im Abendblatt wiedergegebene Mitteilung des Senats und gibt außerdem bekannt, daß der Senat zu Kommissaren in dieser Angelegenheit ernannt habe Bürgermeister Dr. Burchard, Senator Holthusen und Senator Dr. v. Melle.
>
> Oskar Völckers hat den beredten Worten des Präsidenten bzw. des Antrages nichts hinzuzufügen, sondern nur etwas von Interesse zu erwähnen. Er möchte

darauf hinweisen, daß Julius Faulwasser ein bedeutendes Werk über den Bau geschrieben habe (Gemurmel) und möchte das Werk zur Benutzung beim Bau empfehlen. Im übrigen habe er auch den Wunsch, daß die Kirche in alter Schönheit wieder erstehe.
Gerard will sich dagegen verwahren, daß amerikanische Zustände hier in der Bürgerschaft eintreten und schon vorher ein Mann als Baurat bestimmt werde. (Bewegung) Das sei Reklamemacherei. Er halte so etwas für unangebracht.
Oskar Völckers weiß nicht, wodurch er sich den Zorn des Herrn Gerard zugezogen, wenn er sich auf ein bedeutendes Werk beziehe. Es habe ihm völlig fern gelegen, dafür Reklame zu machen. Er würde das Buch auch empfohlen haben, wenn Gerard es geschrieben hätte. (Heiterkeit. Schlußrufe.) Im übrigen verbitte er sich die persönlichen Bemerkungen des Vorredners.
Gerard: Herr Völckers habe sich gar nichts zu verbitten. Er finde die Handlungsweise des Herrn Völckers sehr unangebracht. (Laute Schlußrufe.) Der Antrag wird gegen die Stimmen der Sozialdemokraten einstimmig (sic!) angenommen. (Ironisches «Ah», nach der Linken hinüber.)

# *Der Große Michel ersteht in neuem Glanz (1906–1912)*

Julius Faulwasser, der in der erwähnten Bürgerschaftssitzung so ins Kreuzfeuer der Kritik gekommen war, spielte dann bei der Planung des Neubaues dann doch eine hervorragende Rolle. Zusammen mit den Architekten Haller, Geißler und Meerwein entwickelte er die Pläne für die Restaurierung, wobei ihm seine eigenen zwischen 1883 und 1886 hergestellten Unterlagen trefflich zustatten kamen.

Faulwasser hat einen entsprechenden fachmännischen Bericht über Baubeginn und Baugeschichte des Zweiten Großen Michels veröffentlicht (in der Festschrift zur Einweihung Oktober 1912). Auf diese Arbeit sei hiermit ausdrücklich verwiesen. Sie dient auch als Grundlage für die Schilderung der wichtigsten Details in folgender Kurzfassung.

Das Mauerwerk der Kirche und des Turmes blieb erhalten. Fußboden und Maueroberkanten wurden mit einer Asphaltschicht bedeckt. Nach Abdekkung des Gruftgewölbes und Entfernung der Sargreste ging es an die Einrüstung der Mauern. Die Dachkonstruktion erfolgte im Zuge der Neufixierung der Sicherheitsaspekte ganz aus Eisen, auch im Turm wurden nunmehr keine Holzteile mehr eingebaut. Die Anlage einer Fernheizung erforderte den Bau eines 120 Meter unter dem Straßenpflaster liegenden Kanals, durch den der Dampf mittels kupferner Röhren in die Kirche geleitet werden sollte mit Verteilungsleitungen unter dem Gruftgewölbe. Zu den Modernisierungsarbeiten gehörte auch der Einbau eines elektrischen Aufzuges.

Die neue große Uhr mit einem Zifferblatt-Durchmesser von 8 Metern stammt aus der Werkstatt der Firma Ungerer in Straßburg. Das Gehwerk stand in Verbindung mit dem im Herrensaal aufgehängten Regulierwerk und mit einem Elektromotor, der zweimal täglich die Gewichte aller fünf Werke (Gehwerk, Vollschlag, Halbschlag, Dreiviertelschlag, Betglocke) automatisch auslöst.

Aufbau und Aufsetzen des Turmhelms mittels Windemasten lockte zahlreiche Zuschauer herbei, die den Fortgang der Arbeiten während der relativ kurzen Bauperiode mit großer Anteilnahme verfolgten.

Das Westportal der Kirche erhielt gegenüber dem früheren kleinen Turmeingang ein imposanteres Gesicht: Zwischen toskanischen Säulen thront die 4,6 Meter hohe Gestalt des Erzengels Michael, der im Zeichen des Kreuzes den Satan (Drachen) als Verkörperung des Bösen zertritt, flankiert von einer Elterngruppe (Mutter beschützt ihr Kind, Vater ermutigt Sohn zum Kampf gegen das Böse). Die Türfenster zeigen die Versuchung Jesu, eingefaßt von stilisierten Engeln.
Auch im Inneren der Kirche mußten moderne Sicherheitsfaktoren richtungsweisend sein für die Ausgestaltung. Deshalb wurden nur drei Emporentreppen gebaut, und zwar in geschlossenen Treppenhäusern.
Das Deckengewölbe erhielt reichen ornamentalen Schmuck. In Anlehnung an die alte Kanzel schuf Prof. Lessing die neue in ähnlicher Kelchform; für den Schalldeckel wurde Teakholz verwendet.
Für den Altar wählte Varnesi statt Holz polierten Marmor als Material. Das Motiv des verbrannten Gemäldes von Tischbein – die Auferstehung Christi – sollte nicht geändert werden. Man glaubte aber wegen des monumentalen Rahmens, statt eines Gemäldes das Altarbild in Glasmosaik herstellen lassen zu sollen; dabei wählte man nach einem neuen Verfahren eine matte Oberfläche, um Blendeffekte zu vermeiden.
Für die architektonische Neugestaltung der Umgebung der Kirche konnte der später so berühmte Fritz Schumacher gewonnen werden. Nach seinem Plan entstand an der Südwestecke (Englische Planke/Krayenkamp) das Turmpastorat, daneben nach Osten hin die monumentale Freitreppe mit Zugang zu den Portalen, davon ausgehend die Futtermauer, der Chorform der Kirche folgend. Vor der Nordseite in Turmnähe erhielt das von Prof. Lessing gestaltete Lutherdenkmal seinen Platz.
Schon am 13. Juni 1908 konnte das Richtfest gefeiert werden. Die «Hamburger Nachrichten» berichten darüber:

> «Im Laufe des Vormittags war das riesige Baugerüst überall reich mit deutschen und hamburgischen Flaggen und an sechs Seiten mit Signalflaggen besetzt, sowie vielfach auf und nieder geflaggt worden. Auch die umliegenden Gebäude boten ein buntes, festliches Bild. Alle Fenster, von denen ein Blick auf den Bau möglich war, zeigten sich dicht von Zuschauern besetzt. Auf dem freien Platz hinter der Kirche aber stand eine tausendköpfige Menge und bewunderte die Auffahrt der Teilnehmer. Da dieser Tag ein Fest der Bauleute sein sollte, waren weder Senat noch Bürgerschaft eingeladen.
> Das Innere der Kirche trug im ganzen Umkreis hohe Maibüsche. In der Mitte vor der Kanzel erblickte man zwischen zwei Zimmerburschen den kolossalen Richtkranz, den Engel Michael als Drachentöter darstellend. Darüber prangte

eine goldene Kugel mit dem Kreuz; und daneben trug der Kranz zwei mächtige Buchsbaumkugeln. Am Fuße des Erzengels sah man die Embleme des Handwerks (Säge, Hammer, Kelle etc.).
Als Bürgermeister Dr. Burchard erschien, blies der Posaunenchor den Hymnus: Die Himmel rühmen ... Danach ward der Richtkranz in die Höhe gewunden durch Elektromotor und auf dem Platze der ehemaligen Wetterfahne schnell von den Arbeitern befestigt. Obermonteur Schnur von der Firma Eggers verlas jetzt ein längeres Gedicht von Senior Behrmann, ein Lob auf die am Bau beschäftigten Kräfte. In seiner Ansprache an die Festgäste verknüpfte dieser seinen Dank für das Erreichte mit einigen persönlichen Erinnerungen an die alte Kirche. Die Teilnehmer machten anschließend einen Rundgang im Innern des Baues und begaben sich anschließend in das Atelier des Prof. Düyffkes, wo besonders das Turmmodell und der neumodellierte Altar Beachtung fanden.
Die Arbeiter aber versammelten sich in ihren Buden, wo jeder eine Rolle der Richtrede, ein Etui mit zehn Zigarren, eine Flasche Wein und ein Geldgeschenk erhielt.»

Die Turmweihe der neuen Kirche am 25. September 1909 als Abschluß der zweiten Phase des Erneuerungsbaues wurde von der ganzen Bevölkerung Hamburgs mitgefeiert. Die «Hamburger Nachrichten» vom 26. September schrieben:

«Schon lange vor der festgesetzten Zeit richteten Tausende ihr Auge erwartungsvoll zu der Höhe, von der herab zum ersten Male wieder Kugel, Fahne und Kreuz die Strahlen der warmen Herbstsonne widerspiegelten. Als die Uhren der Schwesterkirchen die dritte Stunde ankündigten, erschien droben in 160 Meter Höhe das verabredete Zeichen: leichte, abgerissene Hüllen flatterten im Winde von dannen, und schnell entfalteten sich zwei Reichs- und zwei Hamburger Flaggen auf den vier Gittermasten, die die goldene Spitze umgeben. Laut und freudig erklangen im gleichen Augenblick die Glocken der hamburgischen Kirchen und verkündeten es in alle Winde: St. Michael ist wiedererstanden, die alte Hansestadt hat ihr altes Wahrzeichen wieder!»

Bei der anschließenden Richtfeier im Gemeindesaal brachte nach der Weiherede des Seniors Dr. Behrmann der leitende Ingenieur Hennicke in seiner Ansprache einige interessante Einzelheiten zum neu erstandenen Bauwerk ans Licht. Zunächst lobte er den vorbildlichen Fleiß der Arbeiter, die in Wind und Wetter in schwindelnder Höhe ihr Bestes gegeben hätten, und fuhr dann fort:

«An dem aus Eisen gebauten Michaelisturme bildeten besonders die Ornamente in der Architektonik eine bedeutende Schwierigkeit; diese mußten nämlich in Eisen unterkonstruiert werden, und das ist eine mühselige Arbeit. In der Entstehungsgeschichte der Turmkonstruktion spielten natürlich die statischen Berechnungen eine hervorragende Rolle. Eigengewicht und Winddruck mußten sehr genau berücksichtigt werden. Bei der Spitze des Turmes legte man beispielsweise einen Winddruck zugrunde, der etwas stärker ist als der eines Orkans, nämlich 150 Kilogramm auf das Quadratmeter. Im Hinblick auf die ohne Verbände freitragenden Säulen war dies keine leichte Sache. Erwägen wir nun, daß in 120 Tagen 572 000 Kilogramm Eisen verbaut worden sind, so ergibt dies pro Tag 4800 Kilogramm, eine Leistung, die umso bemerkenswerter ist, als es sich hier um große Höhen handelt ...»

Die am Bau hervorragend beteiligten Herren erhielten sodann aus der Hand von Bürgermeister Burchard Gedenkmedaillen mit dem Bildnis der Kirche in Gold, Silber oder Bronze sowie Geldgeschenke. Zum Abschluß des festlichen Tages erklang der Choral vom Turm diesmal zweistimmig, von der vielköpfigen Menge auf den Straßen begeistert begrüßt.

Im Turmknopf wurden an diesem Tage eine Reihe von Dokumenten hinterlegt als Zeugnisse der Zeit- und Kirchengeschichte für die Nachwelt. Darunter befanden sich z. B.: eine Beschreibung der Kirche von Dr. Bertheau, Brandreste aus dem alten Turmknopf, Namenverzeichnisse der Spender für den Wiederaufbau, eine Sammelbüchse für Straßensammlungen, eine Pergamenturkunde mit den Namen der Baumeister und Hilfskräfte in der Bauhütte sowie der am Bau beteiligten Firmen, eine Urkunde der Familie Roose, die, wie schon 1668 und 1778, nun auch zum dritten Male das Kreuz gestiftet hatte; ferner die Tageszeitungen Hamburgs vom 29. September sowie deutsche Reichsmünzen aller derzeit in Kurs befindlichen Prägungen.

All diese Gegenstände wurden übrigens bei der Erneuerung der Turmspitze mit Kugel im November 1984 unversehrt vorgefunden. Sie sind jetzt im «Michaelitica», dem Archiv der Gemeinde, in zwei Glaskästen aufbewahrt und zu besichtigen.

Vier Jahre nach der Brandkatastrophe waren endlich auch die neuen Glocken für das wiedererstandene Gotteshaus fertig.

Der Tag der Überführung zur Englischen Planke wurde zu einem wahren Volksfest. Um die Mittagsstunde des 22. Juni 1910 bewegte sich der Festzug vom Bahnhof Billstraße (Güterbahnhof) über Klosterwall, Mönckebergstraße, Adolphsplatz, Alter Wall, Reesendamm, Alter Jungfernstieg, Neuer Jungfernstieg, Esplanade, Holstenwall, Mühlenstraße bis zum Großen Michel. Die großen girlandengeschmückten Sengelmannschen Frachtwagen passierten unter dem Jubel der Bevölkerung gegen 1 ½ Uhr die Börse und trafen wenig später unter dem festlichen Geläut der Schwesterkirchen auf dem Michaelis-Kirchhof ein. Schon am nächsten Tag begann die Montage im Turm. Die größeren der 10 Glocken brauchten drei bis sechs Stunden für ihre Höhenfahrt. Dabei wurden eiserne Flaschenzüge und Hanfseile verwendet.[62]

Die feierliche Glockenweihe am 3. Juli gipfelte in einem Konzertwettstreit zwischen dem neuen Geläute und dem Posaunenchor vom Turm her. In der festfrohen Menge fanden Devotionalienhändler und Andenkenverkäufer reißenden Absatz für ihre Waren, darunter eine Unmasse von Kitschkarten und billigen Gelegenheitsgedichten. Eines davon aber verdient wegen seiner Originalität erwähnt zu werden:

«... Heut aber schmückt wie eine holde Braut
Hammonia sich zum ersten Glockenlaut.
Und wie er auf dem Meer der Giebel schwebt,
Da bricht ein Jubel los – der Michel lebt!
Wie Freude flutet es durch alle Glieder,
Der alte Michel hat die Sprache wieder.
Die Kinder hören auf beim Marmelspiel,
Der Arbeitsmann blickt rußig aus dem Siel.
Der alte Schreiber drüben im Kontor
steckt seine Feder hastig hinters Ohr.
Im engsten Hof, in Gäßchen und in Gassen
Sucht wie mit Händen man den Ton zu fassen.
Und manch ein Seebär an der Wasserkant'
Fährt übers Auge sich mit rauher Hand.
O Glockenmund, du Todesüberwinder,
Erweich die Herzen noch der Kindeskinder.» [62a]

# *Die Kirche und ihre Ämter (bis zum 19. Jahrhundert)*

Kein Gemeinwesen, auch keine Kirche, kann ohne klare Abgrenzung ihrer Aufgabenbereiche funktionieren.

Zum Verständnis der Geschichte der Großen Michaeliskirche gehört auch, daß man weiß, wie sich ihre Verwaltung gliederte.

Der höchste Geistliche der Stadt hieß ursprünglich «Superintendent», seit 1591 «Senior».

Unter den Pfarrherrn jedes Kirchspiels trugen die Leichnams- und Kirchengeschworenen die größte Verantwortung. Ihnen waren alle mit dem Altardienst verbundenen Pflichten anvertraut. In der «Beede» kamen sie zur Beratung der anliegenden Fragen zusammen. Zu ihren Aufgaben gehörten im 17. und 18. Jahrhundert u. a. auch die Beschaffung von Baumaterialien und die Entlohnung der Arbeiter. Vor wichtigen Entscheidungen beriefen sie das Kirchenkollegium ein, das unter Vorsitz eines (der vier) Bürgermeister als Patron und eines Senators als Kirchspielherrn tagte.

Als fachkundiger Assistent bei Bauarbeiten fungierte der Kirchenknecht, der handwerkliche und Verwaltungserfahrung haben mußte. Dieses begehrte Amt wurde durch Versteigerung dem Meistbietenden übertragen. Den Kirchenvögten mit ihren Untervögten oblag die Verwaltung der Gestühlssitze. Das Totengräberamt wurde an einen geeigneten Bewerber verpachtet.

Der höchste Beamte in der Hierarchie des Kirchspiels war jedoch der Oberküster. Er mußte Hamburger Bürger sein und durfte zum Zeichen seiner Würde einen Degen tragen. Da er bei Bedarf auch als Hilfsprediger einspringen mußte, kam für dieses Amt nur ein Kandidat der Theologie in Frage ... Er war berechtigt, einmal im Jahr eine Sammlung für sich in der Pfarrei abzuhalten.

Bei Meinungsverschiedenheiten in Protokollfragen gab es bisweilen «Probleme». Faulwasser berichtet[63] z. B. von einem längeren Streit im Jahre 1763. Der Oberküster hatte nämlich den Vögten verboten, sich gegenseitig «Kollegen» zu nennen; das gezieme sich nicht. Der arme Vogt Hannibal mußte

darum Abbitte leisten und versprechen, künftig nur das Wort «Kamerad» zu benutzen.
Man sollte aber daraus nicht den Schluß ziehen, daß die Oberküster nur oder vorwiegend kleinkarierte und engstirnige Beamte gewesen seien. Es gab manche unter ihnen, die der Kirche großzügige Legate aussetzten und sich uneigennützig um die Vermehrung der Kirchenschätze verdient machten.
Wenn es nun einen Oberküster gab, muß es wohl auch logischerweise einen Unterküster gegeben haben.
Das ist in der Tat der Fall. Dieses Amt und seine Funktion ist aber in der einschlägigen Literatur kaum beschrieben worden. Im Archiv «Michaelitica» findet sich aber ein diesbezügliches Dokument, das dem Leser schon deshalb nicht vorenthalten sei, weil es über die faktische Information hinaus in seinen konkreten Formulierungen auch von soziologischem und zeitgeschichtlichem Interesse ist.

Des Unter-Küsters
zu St. Michaelis
**Bestallung und Eyd,**
nebst
demjenigen, was derselbe alljährlich
an Salair und Accidentien hat.

Hamburg,
gedruckt bey Gottlieb Friedrich Schniebes, Eines Hochedlen und
Hochweisen Raths Buchdrucker.
1805.

# Des Unter-Küsters zu St. Michaelis
# Bestallung und Eyd.

Zu wissen, daß heute unten gesetzten dato die Wohl-Ehren-Veste, Groß-Achtbare und Wohlvornehme Herren, Herr **Heino Christian Brandenburg** und Herr **Michel Harmensen**, Leichnams-Geschworne, Herr **Andreas Georg Neubauer** und Herr **Johann Benjamin Neumann**, p. t. Kirch-Geschworne der Kirchen St. Michaelis in Hamburg, den Ehrbaren *Matthias Berend Hinrich Benett* für einen Kirchen-Bedienten und Unter-Küster der großen, als auch in Casu necessitatis der kleinen St. Michaelis-Kirche, auf ein Jahr, von Michaelis a. c. angerechnet, angenommen haben, folgendergestalt und also:

Erstlich, daß er ehrlich, redlich und treu befunden werde in allem, so ihm wegen der Kirchen und sonsten wird eingehändiget und anvertrauet werden, und alles, davon der Kirchen Vortheil kommen mag, mit allem Fleiße helfen befördern und fortsetzen; auch sich daneben fleißig zu Gottes Wort und sein heil. hochwürdiges Abendmahl halten, nüchtern und mäßig leben, und sich, wie einem ehrbaren Mann wohl anstehet, je und allewege verhalten soll.

Zum Andern, soll er die Lichter auf denen Arm-Leuchtern, sowohl beym Gottes-Dienst, als bey Leichen, wie auch auf der Kanzel, zu rechter Zeit anzünden und wieder auslöschen. Auch soll er alle Morgen und Abend aufs Chor, Sacristey und Gottes-Kasten gute Achtung haben, und visitiren, ob auch am Gottes-Kasten, Sacristey und Chor einiger Mangel gespüret wird, und da solches vermerket würde, dem p. t. regierenden Herrn Juraten ungesäumt melden.

Zum Dritten, soll er sich des Thurms und der Glocken zum höchsten lassen angelegen seyn, und die Fürsorge tragen, die Bet-Glocke, wie gewöhnlich, schlagen zu lassen und zum Gebet ziehen, als des Morgens frühe um fünf Uhr, des Mittags um zwölf Uhr, des Abends im Sommer um fünf, von Martini bis Licht-Messen aber Abends um halb fünf Uhr; auch dahin sehen, daß keine fremde Jungen oder andere Personen, so nicht dazu und zum Läuten gehören, auf den Thurm steigen, damit den Glocken, welche großes Geld kosten, so wenig, als dem Thurm-Gebäude, kein Schade zugefüget werde; und desfalls nicht nur gewisse, sondern auch die bestimmte Anzahl von Personen dazu bestellen, und solche bezahlen, jeden Monat aber die Rechnung hiervon dem jüngsten Herrn Juraten einliefern, und von demselben erhält er die Auslagen für das Geläute wieder zurück; auch sich des besten Fleißes angelegen seyn lassen, daß nicht (welches leicht geschehen kann, wenn die Glocken nicht gewiß gezogen werden) denselben einiger Schade begegnen und wiederfahren möge. Was an Fenstern und Lucken am Thurm sich befindet, welche geöffnet werden können, soll er dahin sorgen, daß solche zu rechter Zeit wieder zugemacht, damit sie nicht vom Winde zerschlagen werden; auch bey Feuers-Brünsten, (welche Gott in Gnaden verhüten wolle!) wenn solche bey Tage oder Nacht sich ereignen, die Feuer-Glocke, auch bey Aufläufen, wenn es ordiniret wird, die Sturm-Glocke anziehen; ingleichen soll er fleißig darauf sehen, daß die Wasser-Fässer auf dem Thurm zu aller Zeit genugsam mit Wasser versehen seyn. Wenn Fenster-Scheiben am Thurm entzwey sind, muß er solches anzeigen, damit sie zu rechter Zeit wieder eingesetzt werden, auf daß nicht durch Regen und Schnee das Gebäude beschädiget werde. Auch zu jederzeit auf den Thurm beym Auf- und Abgehen, oder Auf- und Zuschließen, weshalben ihm die Schlüssel gegeben werden sollen, von ihm selbst, als auch von denen von ihm zum Geläute angenommenen Personen, fleißige Acht haben, und woferne einiger Mangel verspüret würde, solches alsobald anzeigen. Wenn auch einiger Mangel an den Glocken sich ereignet, daß sie sich nicht gut anziehen lassen, solches sogleich melden, daß demselben abgeholfen werde.

Zum Vierten, soll er sowohl in denen Haupt- als allen andern Predigten jederzeit vor angehendem Gottesdienst in der Sacristey allemal in schwarzer Kleidung und Mäntel gegenwärtig seyn, bey Winter-Tagen die Lichter allda anzünden, die Studiosos in allen Predigten ankleiden und nach der Kanzel begleiten, den Predigt-Stuhl zu rechter Zeit auf- und zuschließen, den Leuchter daselbst, wie auch, so ein Stuhl erfordert wird, hinauf- und wieder abtragen, die Herren Prediger allemal mit nach und von der Kanzel begleiten, auch stets vor und nach der Predigt, so lange die Zeremonien an Sonn- Fest- und Werkel-Tagen wären, besonders vom Chor während der Communion, nicht abgehen, bis solche erst völlig geendiget sind, und dahin sorgen, daß keine Unordnung allda geschehe, damit die Communicanten in ihrer Andacht nicht gestöret werden; ingleichen soll er in der Bet-Stunde und Examen in dem Chore mit allem Fleiße aufwarten, und was sonsten (so nicht alles beschrieben werden kann) verfallen mögte, oder ihm von denen Herren Predigern anbefohlen wird, getreulich ohne Widerwillen, so viel er dessen kann und mag, verrichten. Auch ist er verbunden, für die Herren Diaconi, auf deren Begehren, die Studiosos zu besorgen, welche für Sie predigen sollen.

Zum Fünften, soll er auch in allen Predigten der großen St. Michaelis-Kirche, sowohl an Sonn- Fest- als Werkel-Tagen, die Nummern der Gesänge (welche ihm zu diesem Ende von denen Schul-Knaben gebracht werden) auf den Tafeln in der Kirche richtig aufstecken. Zu allen Gottesdiensten in der großen Kirche hat er das Geläute zu besorgen, daß solches zu rechter Zeit und Stunde geschehen möge, welches bisher von den beyden Tütern ist verrichtet worden, und wofür sie beyde jährlich 40 ℳ︁ von dem p. t. ältesten Herrn Juraten zu empfangen haben.

Zum Sechsten, wenn ein Rever. Ministerium nach vollendeter

Leichen-Procession in der Sacristey zusammen kömmt, müssen sowohl der Ober- als Unter-Küster beyde die erforderlichen Stühle dahin verschaffen, und zwar ein jeder die Hälfte, der Unter-Küster aber sodann allda verbleiben, und die Aufwartung alleine verrichten, immaßen der Ober-Küster während der Zeit bey denen Becken stehen muß. Auch soll er, der Unter-Küster, nebst den andern dazu verordneten Kirchen-Bedienten, fleißige Acht haben auf die jungen und muthwilligen Buben, daß sie auf dem Chor und hinterm Altar, auch in der Kirche, heimlich oder öffentlich, vor, unter oder nach den Predigten, unter den Vespern, Beichtsitzen und andern Zeremonien, keine Büberey treiben, und da er solches befindet, dieselben mit Ernst strafen und wegjagen.

Zum Siebenden, soll er sein Amt allezeit selbst verrichten, und nicht durch Jungen, Mägden oder andere bestellen, auch von Niemand einiges Biergeld fordern, sondern sich an dem, was ihm verordnet ist, begnügen lassen; wie denn auch nicht aus der Stadt verreisen oder draussen übernachten, ohne derer HHrn. Leichnams- und Kirch-Geschworne Wissen und Willen. Da ihm auch von denen HHrn. Predigern, HHrn. Leichnams- und Kirch-Geschwornen etwas zu verrichten anbefohlen wird, soll er solches jederzeit unverdrossen ausrichten. Die Schulmeister in diesem Kirchspiel muß er nach ihrer Ordnung zu dem gewöhnlichen öffentlichen Kirchen-Examen ansagen; auch was sonsten dieser Bestallung anhängig, so hier nicht specificiret, und der Natur nach ihm und keinem andern Bedienten zu verrichten zukömmt, dessen soll er sich nicht beschweren, sondern es jederzeit, ohne Entgeld, zu verrichten, willig und bereit seyn; falls aber darüber eine Irrung entstehet, als ob er zu der Zeit, worinn es zu verrichten sey, kein Kirchen-Dienst zu thun schuldig wäre, soll er dem ungeachtet, auf Erkenntniß der HHrn. der Beede, es jederzeit willig thun und ausrichten.

Worauf er *Matthias Berend Henrich Benett* dieses Amt im Namen Gottes angenommen, und diesem allem, was vorbemeldet, in allen Punkten und Artikeln mit Fleiß nachzuleben sich verpflichtet, also daß kein Mangel, Versäumniß oder Trägheit im geringsten an ihm soll befunden werden. Daferne aber über Verhoffen diesem allen von dem Unter-Küster nicht nachgelebet würde, alsdenn haben sich die HHrn. der Beede vorbehalten, zu jederzeit ihm zu entlassen und abzusetzen. Im Fall aber dieser Dienst ihm zu beschwerlich würde, ist er schuldig, drey Monat vor Ablauf dieses Jahres es der Löbl. Beede anzuzeigen.

Zu fester Haltung dessen soll er zum

Achten, der Kirchen mit nachgesetztem Eyde verwandt und verbunden seyn.

Alles sonder List und Gefährde. So geschehen Hamburg, ~~den~~ *auf Michaelis* Anno *1805*

# Eyd.

Ich *Matthias Berend Hinrich Benett* gelobe und schwere zu GOtt dem Allmächtigen, daß ich in meinem Amte will treu und fleißig seyn; meinen HHrn. Leichnams- und Kirch-Geschwornen schuldigen und willigen Gehorsam leisten, auch mich nach meinem äussersten Vermögen denen vorgeschriebenen Artikeln gemäß verhalten. So wahr mir GOtt helfe und sein heiliges Wort.

# SPECIFICATION
## von den Einkünften
# des Unter-Küster-Dienstes
## zu St. Michaelis,

wobey nachgesetztes festes jährliches Einkommen, wie folget:

| | m℔ | ß |
|---|---|---|
| An jährlichem Salario, so demselben in den vier Quartalen von dem p. t. ältesten Herrn Kirch-Geschwornen in Courant gegeben wird, à 50 m℔ pr. Quartal, als Weihnacht 1805, Ostern, Johanny u. Michaely 1806. | 200 | — |
| So lange das Seniorat an dieser Kirche ist, E. Reverend. Minist. anzusagen und aufzuwarten, alle halbe Jahr 20 m℔ . . | 40 | — |
| **An Accidentien,** so zwar gewiß einkommen, aber wie viel es jährlich einträgt, nicht gesetzet werden mag, als: | | |
| Biergeld pflegt ordinair aus dem Sterbehause wegen des Beläutens gegeben zu werden . . . . . . | 3 | — |
| Wann ein Prediger an der großen St. Michaelis Kirche eingeführt wird, bekömmt er von dem eingeführten Herrn Prediger . . | 6 | — |
| Auch hat er, da der Herr Senior an dieser Kirche ist, von einem jeden Prediger, er möge eingeführet werden an welcher Kirche es auch sey, zum Colloquio anzusagen, und dessen Introduction . . | 6 | — |
| Imgleichen wann die Ordination eines Predigers in der großen St. Michaelis Kirche geschiehet, hat er von dem Herrn Ordinato zu geniessen . . . . . . . | 6 | — |
| Noch empfängt er von jedem Studioso, so ein Candidatus Reverend. Minist. seyn will, zum Examen anzusagen . . . | 1 | — |
| Wann E. Löbl. Collegium derer Herren Hundert und Achtziger gefordert wird, bringet er Denenselben die Zettuln in diesem Kirchspiel und empfängt jedesmal dafür ex Camera . . . | — | 5 |
| Wie auch, wann die Bürgerschaft convociret wird, wie oben bey den Herren Hundert und Achtzigern, auch denen Adjunctis in diesem Kirchspiel anzusagen, bekömmt er ex Camera . . | — | 5 |

Seit der Mitte des 19. Jahrhunderts veränderte sich die Struktur der Kirchenämter grundlegend, teils infolge der zunehmenden Säkularisierung des öffentlichen Lebens (Zivilstandsregister von 1867, 1877 Bestattungswesen nur noch städtisch, später strikte Trennung von Staat und Kirche).
So wurden schon seit 1851 die Stellen des Ober- und Unterküsters, des Kirchenvogts und Kirchenknechts nicht mehr neu besetzt. Die Funktionen des ehemaligen Kirchenknechts übernahm deren letzter Vertreter, Johann Christian Appel, mit dem neuen Titel eines Ersten Beamten. Sein Nachfolger war Carl Eduard Faulwasser, der Vater des Architekten und vielzitierten Verfassers der maßgebenden Monographie über die Michaeliskirche, Julius Faulwasser. Während Carl Faulwassers fast dreißigjähriger Amtszeit gingen alle Befugnisse der früheren Ämter in dem seinen auf.
Da die Verwaltung der Ämter in der Kirche, bis ins 19. Jahrhundert praktisch Staatskirche, eng verzahnt war mit dem städtischen Behördenapparat, muß man auch dessen Grundstruktur kennen, um die Zusammenhänge zu verstehen.
Grundlage für die nachreformatorische Verfassung Hamburgs war der sogenannte Lange Receß von 1529. Danach besaß zunächst der Rat (24 Mitglieder) die alleinige oberste Gewalt. Daneben trat im Laufe der Zeit die Bürgervertretung (die «verordneten Bürger»), bestehend aus dem Kollegium der 144er. Dieses Gremium setzte sich zusammen aus 24 Bürgern aus jedem der vier Kirchspiele, plus je 12 Kirchspielsvorstehern, also 96 plus 48 Bürger = 144. Seit 1685, mit der Anerkennung von St. Michaelis als 5. Kirchspiel, kamen dann noch 36 Mitglieder hinzu, so daß aus dem Kollegium der 144er die 180er wurden.
Das Kollegium der 48 bzw. 60 (seit 1685) Kirchspielsvorsteher, kurz 48er bzw. 60er genannt, spielt in der Geschichte Hamburgs eine bedeutende Rolle. Die 144er bzw. 180er besaßen die Vollmacht, in allen kirchlichen Angelegenheiten mit dem Senat zu verhandeln. Nur mit ihrer Genehmigung durfte der Rat Gesetze ändern oder neue erlassen. Die drei ältesten Kirchspielvorsteher hießen Oberälterleute bzw. später allgemein die Oberalten. Auch ihr Kollegium wurde zum einflußreichen (kirchen-)politischen Faktor in der Geschichte der Stadt.
Auf diesem Hintergrund wird auch verständlich, warum St. Michaelis zwar schon 1647[64] durch die Abtrennung von der Mutterkirche St. Nicolai de facto als 5. Hauptkirche galt, de iure aber erst 1685 offiziell als 5. Kirchspiel anerkannt wurde, nämlich mit der erst dann erwirkten Berechtigung, Delegierte in die genannten Kollegien zu entsenden.

# *Die Große Michaeliskirche und die Musik*

Die großartige, säulenlose Innenarchitektur des Großen Michels mit ihren geschwungenen Emporen und lichterfüllter, heiterer Raumseligkeit erweckt in dem Besucher rein optisch oft den Eindruck, als befinde er sich in einem imposanten Konzertsaal. In der Tat gab es hier schon Ende des 17. Jahrhunderts musikalische Darbietungen.

Nach einem Bericht vom 9. Januar 1687 – der gleichzeitig ein Zeugnis gibt für die immerwährende finanzielle Misere der Gemeinde – fand damals «die erste Kirchenmusik wieder statt, nachdem man sie hier lange hatte entbehren müssen, dieweil es der Kirche an Geld gebrach. Nach der Predigt wurde dann auf dem Thurme mit Pauken und Trompeten musicirt». Seitdem gab es alle fünf Wochen Kirchenmusiken (wohl im Turnus mit den übrigen vier Hauptkirchen), und zwar sonnabends Vesper-Musik und sonntags «große Musik».

Die Leitung hatte der Cantor des Johanneums, in Personalunion Kirchenmusikdirektor für Hamburg. Dies Amt verpflichtete auch zur Beaufsichtigung der Rathsmusikanten, Expectanten und Rollenbrüder[65], soweit die Kirchenmusik eine Rolle spielte. Der Cantor selbst unterstand dem «Collegium der Scholarchen».

Unter den Cantoren, die meist auch als Gelehrte einen Namen hatten (die Antrittsrede mußte in lateinischer Sprache gehalten werden), waren viele berühmte Musiker, die auch an St. Michaelis wirkten. Georg Philip Telemann war sicherlich einer der größten von ihnen. Der «Hamburgische Correspondent» (1721, Nr. 51) berichtet von seiner Amtseinführung:

> «Am 15. Hujus (Oktober) ist der große Virtuoso, Herr Georg P. Telemann, als neuer Cantor der Johannes-Schule und Director der hiesigen Kirchenmusik, mit ordentlichen Solennitäten hierselbst eingeführet. Bey welcher Gelegenheit der Herr Senior Seelmann «de origine et dignitate Musicae in genere» und der neue Herr Cantor aber «de excellentia Musicae in Ecclesia», beyde mit großem Applaus peroriret haben.»

Schon 1722 leitete Telemann die Aufführung seiner ersten Kantate in St. Michaelis («Davon ist erschienen die Liebe Gottes»); es folgten über 20 weitere Kantaten, meist zur Amtseinsegnung michaelitischer Prediger. In den langen Jahren seiner Hamburger Tätigkeit war er in der Hansestadt so heimisch geworden, daß er sogar eine plattdeutsche Kantate seinem geneigten Publikum präsentieren konnte («Ha, Ha, wo will wi hüt noch danzen»).
Als ungemein vielseitig begabter Komponist schuf er jedoch nicht nur kirchenmusikalische Werke, sondern auch eine Fülle von Gelegenheitsmusik, Trauermusiken für berühmte Zeitgenossen, Opern, Tafelmusik, Kapitänsmusiken u. a.
Diese allzu weltlichen Aktivitäten wurden allerdings von der geistlichen Obrigkeit nicht gerade gern gesehen. Mehrmals wurde er dafür in seine Schranken gewiesen.
Dabei geriet er manchmal ohne eigentliches Verschulden in zwielichtige Situationen ...
So war es etwa im Jahre 1748 ein Jurat der Michaeliskirche selbst, der ihn dazu drängte, sein Passions-Oratorium «Seliges Erwägen» in der Kirche aufführen zu lassen. Dies war eigentlich unstatthaft, da solche Passions-Oratorien (im Gegensatz zu Passionsmusiken) wegen ihres opernhaften Charakters in den Kirchen tabu waren. Telemann kam jedoch dem Wunsche des Juraten nach und erdreistete sich sogar, den Sopran-Part nicht wie üblich von einem Knaben, sondern von einer Sängerin, Margarethe Susanna Kayser, singen lassen zu wollen. Die Obrigkeit konzedierte schließlich zwar die Aufführung selbst, jedoch «mit Hinweglassung der Kayserinn».
Außerkirchliche Veranstaltungen des Musikdirektors wurden schon früher eher geduldet als gebilligt.
In einem Antrag an den Senat von 1722 beschwerten sich die Oberalten darüber, «daß Cantor Telemann abermals in einem öffentlichen Wirtshaus vor Geld eine weltliche Musik aufzuführen gesonnen, wobei allerhand Unordnungen vorkommen können; dieweil nun alle Opern und dergleichen zur Wollust anreizende Aufführungen, allhier außer der Marktzeit unerlaubt, und ohne Consens des Raths wie der bürgerschaftlichen Vertreter nicht zu dulden, so ersuchen sie, dem Telemann solche Musiken ein vor alle Mal zu verbieten». Der Rat hatte jedoch ein Einsehen und wußte die übereifrigen Oberalten von ihrer Strenge zu «dissuardiren».
Zur Einweihung des wiederhergestellten Kleinen Michels im Jahr 1757 brachte Telemann seine Kantate «Ich will die zerfallene Hütte Davids wieder aufrichten» zu Gehör.

Am 19. Oktober 1762, am Tage der Einweihung der Zweiten Großen Michaeliskirche, wirkte er zum letztenmal als Dirigent seiner Festmusik «Komm wieder, Herr»; diese war «splendide instrumentiret» mit 6 Trompeten, 32 Instrumentalisten, 2 Paukern, allerdings mit nur 11 Sängern. Der Text des Oratoriums stammte von «Dem Herrn Archidiacono zu St. Catharinen, Herrn Zimmermann» und endete mit dem weithin bekannt gewordenen Schlußchor «Ein Vorspiel des Tages».

Der greise Komponist starb am 25. Juni 1767 in seiner Wohnung an den Hohen Bleichen «an einer Brustkrankheit». Er wurde vom Kutscher des Marstalls zum Johannesfriedhof gefahren und dort begraben. Sein Enkel Georg Michael Telemann erhielt dafür eine Rechnung über 21 Mark.[66]

Der «Hamburgische Correspondent» vom 26. Juni widmete dem Verstorbenen nur diesen kurzen Nachruf:

> «In der Person Telemanns hat unsere Stadt einen wahrhaften Verlust erlitten. Er hat gestern abend, im 88. Jahr seines ruhmvollen Alters, das Zeitliche mit dem Ewigen verwechselt. Sein Name ist sein Lobgedicht.»

Georg Michael Telemann wurde bis zur Wahl eines Nachfolgers die interimistische Ausübung des Kirchenmusik-Direktor-Amtes anvertraut.

Unter den Bewerbern für die vakant gewordene Position befand sich auch ein gewisser Herr Carl Philipp Emanuel Bach.

Der zweitälteste Sohn seines großen Vaters Johann Sebastian, damals Kammer-Cembalist bei Friedrich II., fühlte sich am Hofe nicht mehr recht wohl und war auf der Suche nach einem anderen Wirkungskreis, als das Ableben Telemanns bekannt wurde. Da der berühmte Verstorbene, Freund seines Vaters und sein Taufpate, vor seinem Tode für Emanuel als möglichen Nachfolger plädiert hatte, beschloß dieser, mit dessen Enkel in Verbindung zu treten, in der Hoffnung, Einzelheiten über Aufgaben, Pflichten und Rechte des begehrten Amtes zu erfahren.

Dieser Brief ist uns erhalten und lautet (Berlin, 6. 12. 1767):

> «Liebwerthester Freund: Künftigen Monat hoffe ich ganz gewiß, mit Gottes Hilfe, das Vergnügen zu haben, Sie zu embrassiren. Jetzt bitte ich gar sehr, so gütig zu sein, und mit baldiger Post folgende Fragen zu beantworten; ich weiß genau, Sie könnens und wollen solches am besten zu thun.
>
> 1. Welche Sonn- u. Festtage wird in Hamburg in der Kirche musicirt?
> 2. Schweigt in der Fastenzeit die Kirchenmusik?
> 3. Müssen die Musiktexte sich aufs Evangelium oder die Epistel beziehen?
> 4. Darf ich mir zur Probe einen gedruckten Musik-Text ausbitten?
> 5. Müssen alle diese Texte, ehe sie komponiert und gedruckt werden, censirt werden?
> 6. Wird alle Jahre eine Passion aufgeführt und wann?

*29 Bildnis v. Carl P. E. Bach*

7. Wie stark ist die Anzahl der Sänger und Instrumentalisten, welche in der Kirche musiciren?
8. Welche von diesen Personen sind vorzüglich geschickt?
9. Was wird in der Singestunde vorgenommen?
10. Wer hat bisher die Kirchenmusik dirigirt?
11. Sind lateinische Musiken, z. B. Kyrie, Sanctus etc. mode?
12. Hält man jemanden zum Notenschreiben für den Musikdirektor?

Ich beharre mit wahrer Hochachtung, dero aufrichtiger Freund und Diener Bach.»

Carl Philipp Emanuel bewarb sich sodann offiziell um die begehrte Position und hatte Erfolg, wie die «Wöchentliche Nachrichten, die Musik betr., Lpz. 1767» berichteten:

«Die durch den Tod des seel. Kapellmeisters Telemann zu Hamburg erledigte Stelle eines Musikdirektors an der Michaeliskirche[67] zu Hamburg ist mit dem berühmten Herrn Carl Philipp Emanuel Bach wieder besetzt worden. Wir freuen uns, diesen großen Meister des Clavierspiels, … in einem Posten zu sehen, wo er seine vorzüglichen Talente nun noch von einer anderen Seite wird zeigen können und wünschen dem deutschen Vaterlande Glück, daß der Gesang desselben aus der Feder eines Bachs künftighin neue Schönheiten, neue Vollkommenheiten erhalten soll.»

Der neue Kirchenmusikdirektor der Stadt Hamburg verstand es noch besser als sein Vorgänger, die pädagogischen Aufgaben als Beamter des Johanneums geschickt zu delegieren, um sich ganz seinem musikalischen Schaffen widmen zu können. Unter seinen ca. 200 Kirchenmusikaufführungen waren auch eine ganze Reihe Pastoren-Einführungs-Musiken, bei denen übrigens mehrfach schon veröffentlichte ältere Kompositionen wieder benutzt wurden. Die Texte dazu wurden manchmal von den Geistlichen selbst verfaßt, so z. B. bei der Einsegnungsfeier des Diakons Tobias Heinrich Schubart an St. Michaelis (1728). Das Honorar für eine solche Aufführung brachte dem Musikdirektor zwischen 25 und 60 Mark.

Die kaufmännischen Aspekte des Amtes wußte Bach, wie schon sein Vorgänger, im Laufe der Zeit recht gründlich auszuschöpfen. Telemann hatte seinerzeit seine Auffassung in dieser Frage sogar poetisch formuliert:

> «Die größte Kunst ist, Geld zu machen.
> Aufs Geld kommt endlich alles an.
> Wer dieses Handwerk nicht verstehet
> Und mit der Weisheit betteln gehet,
> Der ist wahrhaftig schlimm daran.»

Freilich war kommerzielles Streben von jeher in Hamburg eine Voraussetzung fürs Überleben. Zwar bewilligten die Stadtväter Zuschüsse zu musikalischen Aufführungen bereitwilliger als solche zu anderen kulturellen Veranstaltungen. Aber ohne kräftiges Drängen ließen sie sich selten finanzielle Opfer abtrotzen. Wo anders als in Hamburg hätte im 17. Jahrhundert ein «Geistreich(!) Gebet Büchlein vor Reisende zu Land und zu Wasser ...» erscheinen können mit der Darstellung einer Börse und deren Besuchern als Titelbild und einem Anhang mit Tabellen der damaligen Wechselkurse der verschiedenen Länder?

Auch die Geistlichen waren in dieser Beziehung Kinder ihrer Stadt und Zeit. Wir kennen z. B. eine Predigt von Senior Herrschmidt von St. Michaelis («Was Künste und Wissenschaften der Kaufmannschaft zu danken haben»), in welcher der erwähnte merkantile Geist nicht zu überhören war.

Die hohen quantitativen Anforderungen seines Amtes brachten es mit sich, daß Carl Philipp Emanuel Bach auch manche Kompositionen produzierte, die höheren Ansprüchen nicht genügen konnten. Um so erfolgreicher engagierte er sich bei Privatkonzerten und anderen inoffiziellen Darbietungen.

Die Orgel war offenbar nicht sein Lieblingsinstrument. Burney bemerkte, als der Komponist ihm die Hartmannsche Orgel der Großen Michaeliskirche vorspielte:

«Herr Bach hat in so langer Zeit auf der Orgel gespielt, daß er sagt, er wisse nichts mehr auf dem Pedal zu machen, welches für ganz Deutschland so wesentlich gehalten wird, daß man den für keinen guten Organisten hält, der es nicht zu gebrauchen weiß.»[68]

Zu den Höhepunkten der Tätigkeit Emanuel Bachs in Hamburg im allgemeinen und im Michel im besonderen gehört zweifellos die Festmusik zum Großen Dankfest anläßlich der Vollendung des Turmes der Zweiten Großen Michaeliskirche im Jahr 1786, eine zweiteilige Kantate mit 8 Rezitativen und Arien, drei Chören und zwei Chorälen, ein Werk, das Miesner lobend kommentiert:

«Blitz, Donner und Regen kommen zu eindringlicher Darstellung. Aus der weichen Melodik der Arie ‹Auch bei der Schöpfer Güter Sehnen›, die aus dem Oratorium der Bürger-Kapitänsmusik von 1780 stammt, leuchten die Rührungstränen hervor.»[68a]

Als Beispiel für die Kostenaufteilung eines solchen Konzerts möge hier die Rechnung Bachs «Wegen der Feyerlichkeit im October 86 zu St. Michaelis»[69] erwähnt werden:

| | |
|---|---|
| Director für d. Composition und Direction | 75.– |
| Copist | 15.– |
| Illert, Hofmann, Michel, Kirchner je 4.– | 16.– |
| Schiefortein | 1.– 8 Sch. |
| Seydel, Delver, Schumacher | 10.– 8 Sch. |
| N.– | 1.– 8 Sch. |
| Organist | 3.– |
| Bälgentreter | 2.– |
| Knopf (?) | 1.– 8 Sch. |
| Chorknaben | 1.– |
| 3 Tr. u. Pauken | 12.– |
| 8 R(ats-) Musiker und 2 Expectanten | 30.– |
| Instrumententräger | 2.– |
| 5 Rollmus(iker) a. d. Orgel | 10.– |
| 13 Rollmus. a. d. Chor | 26.– |
| | Summa 208 Mk |

Carl Philipp Emanuel Bach starb am 14. Dezember 1788 im Alter von 74 Jahren, wohl an den Folgen einer verschleppten Influenza. Er fand seine letzte Ruhestätte in der Gruft von St. Michaelis. Die Grabplatte wurde versehen mit der Inschrift:

*30 Grabplatte C. P. E. Bachs im Gruftgewölbe (Foto: Rosenke)*

Ruhe Kammer
Carl Philipp Emanuel
Bach
Chori Musici Directoris für Sieg
und Seine Frau und Kinder nach
Den Letzten Thode in 15 Jahre
nicht zu eröfnen, den 28. Aprill A 1789
Littra bb, 1 70

Die Grabkammern wurden meist nach 15 Jahren neu vermietet und die Särge entfernt. Da Särge oft übereinandergestellt waren, lagen in etwa 150 Gräbern zweitweise mehrere hundert Verstorbene.

Übrigens war die Grabplatte Bachs im Laufe der Zeit fast vergessen worden. Miesner, der im Verlauf seiner Recherchen für seine Dissertation, die Michaeliskirche aufsuchte, identifizierte anhand des vorhandenen Grabbuches im Kirchenarchiv eine von Schmutz und Schutt der vergangenen fast anderthalb Jahrhunderte verkrustete Platte als die des großen Musikers.

Auch Matthesons Epitaph wurde von Miesner «wiederentdeckt». Es spricht nicht für das Traditionsbewußtsein und die Ehrfurcht für einen der berühmten Männer Hamburgs, daß das Grab viele Jahrzehnte lang vernachlässigt worden war.

Eines Denkmals ist der «Hamburger Bach» weder im oder am Michel noch sonstwo in der Stadt für würdig befunden worden. Zwar hatte man ein solches in Erwägung gezogen. Bachs Freund Klopstock hatte dafür zwei Grabschriften verfaßt, eine für Weimar (Bachs Geburtsstadt), die zweite für Hamburg. Leider kam keine der beiden Projekte zur Ausführung.
Das für die Michaeliskirche geplante Denkmal sollte folgende Inschrift erhalten:

> «Steh nicht still, Nachahmer,
> Denn Du mußt erröten, wenn Du bleibst.
> Carl Philipp Emanuel Bach,
> Der tiefsinnigste Harmonist,
> Vereinte die Neuheit mit der Schönheit.
> War groß
> In der vom Worte geleiteten,
> Noch größer
> In der kühnen, sprachlosen Musik;
> Übertraf den Erfinder des Klaviers,
> Denn er erhub die Kunst des Spiels
> Durch Lehre
> Und Ausübung
> Bis zu dem Vollendeten.» Geb. 1714, gest. 1788.

Der «Hamburgische Correspondent» vom 15. Dezember veröffentlichte den (wohl von C. F. Cramer verfaßten) Nachruf:

> «Er war einer der größten theoretischen und practischen Tonkünstler, der Schöpfer der wahren Art das Clavier zu spielen ... und ein Clavierspieler, der seines Gleichen in seiner Art wohl nie gehabt hat ... Die Tonkunst verliert an ihm eine ihrer größten Zierden, und der Name eines Carl Philipp Emanuel Bach wird ihr auf immer heilig sein. Im Umgang war er ein aufgeweckter, munterer Mann voll Witz und Laune.»

Zu Beginn des 19. Jahrhunderts gab es in der Großen Michaeliskirche eine Vielzahl bedeutender kirchenmusikalischer Feiern. 1817 erlebten die Zuhörer eine vielbeachtete Aufführung von Haydns «Schöpfung».
Zwei Jahre später weilte die seinerzeit berühmte italienische Sängerin Catalani während einer Europa-Tournee in den Mauern unserer Stadt, um im Michel ein geistliches Konzert zu geben. Trotz der hohen Eintrittspreise (3 Mark, 12 Schilling) feierten mehrere tausend Zuhörer die «Königin des Gesangs» begeistert. «Die Fülle der Kraft, der Glockenton ihrer bewunderten Stimme erschien wohl nie mächtiger und lieblicher zugleich als in diesen Gott geweihten Gewölben.»[71]

Der «Hamburgische Correspondent» des folgenden Tages stimmt zu:

> «Gestern Abend gab Madame Catalani in der hiesigen Großen Michaeliskirche ein geistliches Konzert, welches ihrem Herzen so sehr als ihren Zaubertalenten die größte Ehre macht. Der Ertrag desselben war zu wohltätigen Zwecken bestimmt. Mehrere tausend Menschen waren in dem schönen Tempelgebäude versammelt, um den Gesängen zum Preise des Allmächtigen und zu Ehren der Seligen zuzuhören. Alles wird hingerissen durch den herrlichen tiefen Eindruck machenden Vortrag der ersten Sängerin unseres Zeitalters. Hiesige Freunde und Freundinnen der Tonkunst nahmen aufs schönste Teil an der Aufführung dieses geistlichen Konzerts, welches den Anwesenden auf immer in der angenehmsten Erinnerung bleiben wird.»

Im Juli 1841 wurde die Große Michaeliskirche Mittelpunkt des 3. Großen Norddeutschen Musikfestes, ein Gala-Ereignis der damaligen Zeit. Am 5. Juli gab es eine Aufführung von Händels «Messias» mit Frau Schröder Devrient als Sopranistin, drei Tage später ein festliches Konzert mit Bachschen Chorälen, der Fest-Ouvertüre von Beethoven, dem doppelchörigen «Heilig» von C.P.E. Bach und dem Chor aus Haydns Schöpfung: «Die Himmel rühmen ...»

Seit diesem Tage wurde St. Michaelis unbestritten zum ersten Forum geistlicher Musik im gesamten norddeutschen Raum und ist es bis heute geblieben bis zum vorläufigen Höhepunkt im Bach-Händel-Jahr 1985. Die Teilnahme an der jährlich in der Karwoche stattfindenden Aufführung der Matthäus-Passion ist inzwischen zu einer lieben Tradition vieler Christen in unserer Stadt – und weit darüber hinaus – geworden.

Für die Darbietung geistlicher Musik kommt der *Orgel* als klassischem kirchenmusikalischem Instrument naturgemäß eine hervorragende Bedeutung zu.

Die Orgel der Ersten Großen Michaeliskirche war ein eher einfaches Instrument mit zwei Manualen und einem Pedal. 1673 auf 20 Stimmen erweitert, diente es dem Gottesdienst der Kirche bis 1713, als es an den Kleinen Michel abgegeben wurde, da man dem berühmten Arp Schnitger den Auftrag zu einem großen, repräsentativen Werk erteilt hatte. Diese neue Orgel mit 52 Stimmen auf 3 Manualen, 1715 feierlich eingeweiht, erwies sich aber leider nicht als ein Meisterwerk des Orgelbauers. Nach Ansicht der Experten besaßen die anderen vier Hauptkirchen bessere Instrumente. Ein in Aussicht genommener Umbau konnte nicht mehr in Angriff genommen werden; denn der durch Blitzschlag verursachte Brand der Kirche 1750 vernichtete auch die Orgel.

Für den Zweiten Großen Michel bemühte man sich nach dessen Vollendung um ein Instrument, das höchsten Ansprüchen genügen sollte. Die Wahl des Erbauers fiel auf Johann G. Hildebrand, den Sohn von Zacharias Hildebrand, einem Schüler des bekannten Dresdner Orgelbauers Silbermann.

«Zu dieser Orgel», so schreibt Pastor Orlich in seinem «Historischen Bericht», «von welcher man die Hoffnung fassen kann, daß sie eine der schönsten werden wird, hat der Herr Johann Mattheson, Ihro Kayserl. Hoheit, des Großfürsten aller Reussen, regierenden Herzogs von Hollstein-Gottorp etc., Wohlbestallter Legations-Rath etc. Vier und vierzig tausend Mark geschenkt und bereits baar bezahlet. Der Herr vergelte es diesem großmüthigen Wohlthäter mit vielem Segen und lasse es Ihm in seinen hohen Jahren weder an Munterkeit noch Kräften fehlen.»[72]

Mattheson hatte auch die Verhandlungen mit dem Künstler geführt. Die erwähnte Spende (plus 100 Thaler für ein Glockenspiel) war dem Wohltäter sicher nicht leichtgefallen; die Summe setzte sich nämlich aus einer größeren Anzahl ganz kleiner Hypotheken zusammen, die der edle Mäzen erst hatte kündigen müssen.

Johann Mattheson gehörte übrigens zu den vielseitigsten Persönlichkeiten seiner Zeit. Er war mit Telemann befreundet, trat auch als Opernkomponist, Schauspieler, Dirigent und Übersetzer (z. B. von Daniel Defoe) hervor. In seinem Orchester saß zeitweilig auch Händel, mit dem er einmal in Streit geriet, der sogar in einem Duell endete. Dieses wurde auf dem Gänsemarkt ausgetragen, glücklicherweise ohne daß die Kontrahenten nennenswert dabei lädiert wurden. Der Vorfall tat ihren sonst freundschaftlichen Beziehungen keinen Abbruch.

Unter Matthesons zahlreichen musikkritischen und musikhistorischen Schriften verdienen erwähnt zu werden die «Große Generalbaß Schule» (1731), in welcher Telemanns erste Autobiographie erschien, die «Grundlage einer Ehrenpforte», eine Art Lexikon prominenter Tonkünstler mit einem weiteren Beitrag über Telemann, und nicht zuletzt «Der Musikalische Patriot» von 1728. Dieses Werk enthält Matthesons berühmte Anprangerung der geizigen Hamburger Pfeffersäcke bei der Vergabe von Kirchenmusik-Ämtern, speziell die schmachvolle Behandlung Johann Sebastian Bachs bei dessen Bewerbung um die vakant gewordene Stelle des Organisten an St. Jacobi. Bekanntlich wurde aus der Sache nichts, weil der große Bach die «Kaufsumme» nicht bezahlen konnte oder wollte.[73]

Mattheson sollte die Einweihung des neuen Kunstwerks nicht mehr erleben; er starb 1764 und erhielt eine Grabstätte in der Kirche unter der Kanzel.

Hildebrand hatte für seine Tätigkeit von der Kirchenbehörde ein Haus mit Werkstatt zugewiesen bekommen; denn der Meister war zur Durchführung

seiner Arbeit mit Kind und Kegel sowie zwei Gesellen nach Hamburg übergesiedelt.
Dies stand auch im Einklang mit der Tradition seiner Zunft. In alter Zeit zog nämlich der Orgelbauer an den Ort seiner Auftraggeber. Er quartierte sich gewöhnlich in der Kirche ein. Ging der Kirchenleitung während seiner Arbeit etwa das Geld aus – was des öfteren geschah –, dann legte sich der Meister schlicht auf die faule Haut, und die Gemeinde mußte ihn durchfüttern bis auf bessere Tage.
1767 war das Hauptwerk der Orgel vollendet. Die Abnahme erfolgte durch Alsen und den Organisten von St. Petri. Hildebrand kehrte 1769 noch einmal zurück und stellte im folgenden Jahr auch das dritte Manual, die sogenannte «Brust», fertig. Nach seiner Rückkehr in die Heimat wurde sein Haus 1771 abgebrochen.
Seinem Werk zollte die Fachwelt höchste Anerkennung. Von den 68 klingenden Stimmen waren nur vier aus Holz, 64 von Metall. 22000 Pfund Zinn waren verarbeitet worden, zu 2 Mark das Pfund.
Adelungs «Musica Mechanica» schrieb von einem «Triumph der neuen Orgelbaukunst» und pries das Werk des Meisters in einer detaillierten Würdigung:

> «Unter anderen Besonderheiten finden wir, daß die Disposition dieses vortrefflichen Werkes mit Ruhme anzuerkennen ist, daß der Herr Verfertiger, immer in jedes Klavier, Flöten von einerlei Art gesetzet hat, z. Ex. Ganshorn 8 und 4 Fuß; ins Oberwerk: Spitzflöte 8 und 4 Fuß; ins Brustwerk: Rohrflöte 16 und 8 Fuß. Die Einrichtung ist für einen Organisten, der mit abwechselnden Klavieren recht gut zu spielen weiß, von Beträglichkeit, und macht in diesem Falle eine viel merklichere und folglich schönere Verschiedenheit, als wenn auf jedem Klavier die Flöten miteinander gemischt sind. Noch zeigen wir an, daß der Orgelbauer aus freiem Willen den vorher nicht so hoch angeordnet gewesenen Diskant der ganzen Orgel bis ins F dreigestrichen verfertigt hat.»

Der seinerzeit bekannte Orgelvirtuose Abt Vogler (geb. 1749 in Würzburg), der in dem Rufe stand, so etwas wie ein «enfant terrible» unter den Organisten zu sein wegen seiner gewagten akustischen Experimente, erhielt 1785 die Erlaubnis zu einem Orgelkonzert in der Großen Michaeliskirche. Die hierbei produzierte Tonfülle empfand man allerdings als so gewaltig, daß man befürchtete, das Instrument könne Schaden leiden. Der Organist erhielt sogar eine Art Hausverbot, damit er mit seiner Kunst kein Unheil anrichten könne.
Nach einem erfolgreichen Konzert an St. Katharinen jedoch konnte man ihm die Benutzung der herrlichen Michaelis-Orgel nicht verweigern. Er bewies

seine Virtuosität in mehreren Veranstaltungen, bei denen die Kirche die Zuhörer nicht fassen konnte. Im selben Jahr machte er in der Jacobikirche Furore mit einer Jagdmusik, «worin verschiedene Echos von Flöten, Oboen, Waldhörnern, Fagotts, ferner die allmählige Annäherung und Entfernung von Wind, Regen und Donner abwechselnd nachgeahmt sind».[74]

Die Hildebrand-Orgel wurde beim Brand der Kirche 1906 ein Raub der Flammen. Der langjährige Organist Gustav Algner schrieb in einem Nachruf auf das zerstörte Werk:

> «Die Schönheit der Orgel lag vor allem in ihrem prachtvollen Ton ... selbst bei vollem Werk immer sanft und weich ... Das Brustwerk hatte der Orgelbauer so angelegt, daß sich sämtliche dazugehörige Stimmen in Höhe des Chores befanden, wodurch dieses Manual hier oben sehr voll und laut klang; während der Ton unten in der Kirche verhältnismäßig zart wirkte. Hierdurch wurde der Spieler in die Lage versetzt, Chor oder Solisten durch eine deutliche Begleitung unterstützen zu können, ohne daß diese irgendwo im Gotteshaus unangenehm hervortrat. Die Orgel hatte ... Sperrventile, mittelst derer es möglich war, eines der Manuale oder das Pedal, welches man nicht brauchen wollte, von der Luftzufuhr abzuschließen. Außer einem Glockenspiel für das halbe Obermanual befand sich schon an diesem alten Werk ein Register, durch welches man das Hauptwerk mit dem Pedal zusammenkoppeln konnte, ohne daß beim Pedalspiel die betreffenden Tasten des Manuals mitgingen, welcher Umstand überall, wo ich ihn bis jetzt zur Sprache brachte, großes Erstaunen hervorrief. ... Mit Bewunderung muß man auch hier des großen Meisters Sonnin gedenken, welcher es nicht nur verstanden hat, der Hamburger St. Michaelisgemeinde eine der schönsten Kirchen zu bauen, sondern auch der Orgel ihren richtigen Platz anwies, von dem aus man sie, unterstützt durch die großartige Akustik, selbst im zartesten Pianisssimo deutlich in der ganzen Kirche hören konnte.»[75]

Für die Zweite Große Michaeliskirche, nach dem verhängnisvollen Brand im Juli 1906 nach alten Plänen wiederaufgebaut, mußte naturgemäß wiederum eine neue Orgel beschafft werden. Auch diesmal fanden sich hochherzige Mäzene zur Finanzierung des Projekts in der Familie Godeffroy. Das neue Instrument, 1908–1912 verfertigt, gehörte mit seinen fünf Manualen, 163 Registern und 12173 Pfeifen zu den größten der Welt. Der Organist der Kreuzkirche in Dresden, Alfred Sittard, hatte dieses gewaltige Werk konzipiert. Er durfte bis zu seiner Berufung nach Berlin im Jahre 1933 «seine» Orgel auch als Organist betreuen.

Während des Zweiten Weltkrieges wurde der Große Michel mehrfach durch Luftangriffe beschädigt; dabei blieb auch die Orgel leider nicht verschont. Die Schäden erschienen irreparabel; der Torso mußte nach 1945 ganz beseitigt werden.

Es dauerte geraume Zeit bis, durch tatkräftige Unterstützung durch die ganze Gemeinde gefördert, endlich ein neues königliches Instrument wiedererstand. 1962 ertönten ihre mächtigen Klänge zum erstenmal durch das Gotteshaus. Nach der Planung des Organisten Friedrich Bihn war den Baumeistern Steinmeyer & Co. in Oettingen ein großer Wurf gelungen; neue Erkenntnisse zur maximalen Ausnutzung klanglicher Möglichkeiten trugen dazu bei, daß auch diese Hauptorgel zu den schönsten ihrer Zeit gezählt werden konnte.

In der langen Zeit von 1942 bis 1962 hatte die «kleine Orgel» auf der Nordempore stellvertetend für die musikalische Ausgestaltung der Gottesdienste sorgen müssen. Diese Hilfsorgel war ursprünglich als Begleitinstrument für Kirchenmusiken in räumlicher Nähe zu den Sängern auf dieser Empore konzipiert. Sie wurde im letzten Krieg nur leicht beschädigt und bald wieder instand gesetzt; gleichzeitig erhielt sie ein 3. Manual und 45 Register.

Da für die liturgischen Feiern im Altarraum die Hilfsorgel auf der Nordempore akustisch ungünstig gelegen war, hatte es sich als wünschenswert erwiesen, für diesen Raum ebenfalls eine eigene kleine Orgel zur Verfügung zu haben. Man wählte dafür den Platz in der Durchgangstür zur Garwekammer. Aus räumlichen Gründen konnte es sich dabei nur um ein Mini-Instrument handeln. Dem Orgelbaumeister Franz Grollmann gelang es, ein vorzügliches kleines Instrument mit erstaunlicher Klangfülle in die gegebene Innenarchitektur des Chorraumes einzubauen.

## DER TURM-CHORAL

Die Fremden, die nach Hamburg kommen und zufällig um zehn Uhr morgens den Michel besichtigen wollen, recken neugierig die Hälse in die luftige Höhe zur Turmplattform empor, wo um diese Zeit ein feierlicher Choral in alle vier Himmelsrichtungen geblasen wird. Die meisten wissen nicht – wie übrigens manche Hamburger auch –, was für eine Bewandtnis es damit hat.

Das Turmblasen geht auf eine alte Tradition zurück. Nur beim Großen Michel hat sich dieser Brauch bis heute erhalten.

Man nimmt an, daß das «Turm-Tüten» ursprünglich im Zusammenhang stand mit einer Feuerwarnung. Seit wann es diese Einrichtung gab, läßt sich nicht genau zeitlich fixieren; fest steht jedenfalls, daß es schon im 17. Jahrhundert allgemein den Turm-Tüter gab.

Dieses Amt war damals schon sehr begehrt, nicht nur der Ehre wegen, sondern auch, weil es außer der festgesetzten Entlohnung gewisse Nebenein-

künfte mit sich brachte, wie etwa eine angemessene Vergütung für die musikalische Umrahmung von Hochzeiten, Trauerfeiern, Familienfesten und Volksbelustigungen.
Dazu bemerkt O. Beneke in seinem Buch über den Großneumarkt:

> «Zur Erndtezeit gings gar munter zu auf den Feldern (der Neustadt). Die Schnitter hatten vollauf Speis und Trank, und Abends ließ das Hospital (vom Hl. Geist), als Pächter des Geländes, sie allemal heimholen durch den Turmtüter und Pfeiffer von Sankt Nicolai (damals noch Pfarrkirche der Neustadt), der flautete und schalmeyte lustig voran vor dem Zuge und empfing dafür eine sattsame Belohnung.»[76]

Der Turmbläser mußte jedoch, um solches Amt zu erlangen, zunächst einmal tüchtig in die Tasche greifen. 1701 z. B. zahlte ein gewisser Christian Klose 1200 Mark Einstand, eine erhebliche Summe, die er erst in sieben Jahren abzahlen konnte. Dabei wurde seine Amtstätigkeit seitens der Obrigkeit streng kontrolliert. So mußte er 1736 30 Mark Strafe zahlen, weil er einmal außer der Zeit eigenmächtig einen Choral geblasen hatte!
Schon die erste Große Michaeliskirche hatte also ihren Turm-Tüter. Wir kennen nämlich eine Aufzeichnung des Türmers Hartwig Christoffer Lüders, der berichtet:

> «den 2. März 1750 habe ich den Dienst angetreten, aber nur acht Tage verwaltet, weil den 10. März selbigen Jahres die Kirche samt Thurm durch einen Wetterstrahl in die Asche geleget ward. Anno 1778, den 17. September, habe ich durch die Gnade Gottes erlebt, daß der Knopf und die Flügel des neuerbauten Thurmes ist wieder aufgesetzet, und mit innigste Freude Lob- und Danklieder musicirt.»[76a]

In der «turmlosen» Zeit mußten die Neustädter aber nicht ganz auf die vertrauten Choräle verzichten; wie schon erwähnt, erschallte damals die Choralmusik von einem provisorischen hölzernen Glockenturm auf dem Großneumarkt. Dieses Glockengerüst wird geschildert als «ein langer, schlanker, kunstloser Thurm von mehr als doppelter Haushöhe, welcher während einiger 30 Jahre neben dem Dragonerposten, unfern der Ecke des alten Steinwegs stand». Er wurde, nachdem er seine Schuldigkeit getan hatte, 1783 abgebrochen.
Es gibt eine Handzeichnung von Franz N. Rolffsen vom Großneumarkt aus den 60er Jahren des 18. Jahrhunderts, auf der der Interims-Turm zu erkennen ist (s. Abb. 30).

Noch einmal mußte der Turmtüter für kurze Zeit seine Tätigkeit unterbrechen, nämlich nach dem Brand der Kirche im Juli 1906. Aber schon drei Jahre später konnte er wieder seines Amtes walten; der Turm war zwar noch nicht

31 *Der Groß-Neumarkt mit dem provisorischen Glockenturm nach einem Stich von Rolffsen (Staatsarchiv)*

ganz erneuert, aber das Trompetensignal erklang doch endlich wieder, wenn auch vorläufig nur vom Dachbodenfenster aus.
Als Kuriosum sei noch vermerkt, daß der abendliche Choral um 9 Uhr abends zugleich eine fromme Aufforderung an die Witwen des Krameramts hinter der Apsis der Kirche bedeutete, es sei nun Zeit, zu Bett zu gehen.
Anfang der siebziger Jahre des vorigen Jahrhunderts wurde im Zuge der Neuordnung des Feuerwehrwesens die Funktion des Telegraphisten (1872 eingeführt) von der des Turmbläsers getrennt; die Bläser waren bis dahin Beamte der städtischen Feuerwehr gewesen. Der Türmer oder Turmbläser erhielt eine Pension von 400 Mark, durfte zusätzlich zu Weihnachten mit der Sammelbüchse in der Gemeinde umhergehen, um sein Einkommen aufzubessern. Als man an dieser Art von Bettelei Anstoß nahm, bekam er eine Vergütung aus der Kirchenkasse. Mit dem Ausscheiden des Türmers Ahrens, der 34 Jahre im Amt gewesen war und außer dem Blasen auch noch die Betglocke zu bestimmten Zeiten läuten mußte, sollte das Choralblasen aufgegeben werden. Auf Wunsch des Sen. Behrmann wurde das Amt aber doch weitergeführt.

Der Vorgänger des jetzigen Bläsers Fiedler, Theodor Grützke, diente von 1933–1958. Er hat in der Festschrift von 1962 einen Bericht über das Turmblasen veröffentlicht, dem unsere Darstellung zugrunde liegt.[77] Er verstand, wie sicher viele seiner Amtsgenossen in der Vergangenheit, seine Tätigkeit als eine Art Predigt in Lied und Ton und bekennt zum Schluß:

> «Wenn ich morgens und abends auf meinem Platz auf dem 7. Turmboden – 70 Meter über der Straße – stand, um das Schlagen der Uhr abzuwarten, um danach mit dem Choral in Richtung Osten beginnen zu können, dann betete ich: Herr, vergib uns unsere Schuld, damit wir reinen Herzens Dir zum Lob und zur Ehre blasen können.»

32 *Blick von der Englischen Planke in die Elbstraße (heute Neanderstr.). Rechts vorn vier Häuser der Schlachterstr., links die Einmündung der Mühlenstraße (Foto: Lachmann, ca. 1925)*

# *Straßen im Umfeld des Michels*

Die Schlachterstraße (früher Brunnenstraße) existierte als Landstraße schon im 13. Jahrhundert, ursprünglich die Alstergegend über das Eichholz mit der Elbe verbindend. Vom Eichholz aus gabelte sie sich in einen Fußpfad (Hohler Weg), einen Fahrweg und einen Pfad für Viehherden.
In jüngerer Zeit, nun wegen der zahlreichen dort befindlichen Schlachterbuden Schlachterstraße genannt, verband sie den Großneumarkt in südwestlicher Richtung mit dem Areal der Michaeliskirche bis zur Ecke Mühlenstraße und Englische Planke. Bewohner und Geschäftsleute der Straße waren vorwiegend Juden. 1838 entstand dort das Lazarus Gimpelstift für unbemittelte Israeliten. Es existiert eine hübsche Anekdote mit jiddischen Sprachelementen, welche die Atmosphäre dieser michelnahen Straße so milieugetreu schildert, daß sie hier im Wortlaut folgen soll (s. S. 125).

Die Mühlenstraße (etwa auf der Trasse der heutigen Gerstäckerstraße) hat ihren Namen von der alten Mühle, die schon 1420 erwähnt wird. Sie stand ursprünglich etwa an der Ecke Schlachterstraße. Sie wurde beim Bau der Festungswälle 1625 auf die Bastion Casparus verlegt und soll damit die erste Windmühle auf den Festungswerken gewesen sein. Die breitangelegte Straße, 1624–1640 bebaut mit ansehnlichen Wohnhäusern, galt als eine «gute Adresse». Das Haus Nr. 40 war zeitweilig im Besitz der Michaeliskirche und diente als Predigerwohnung. Das berühmte Schimmelmannsche Palais, nach dem Niedergang der «English Court» an der Englischen Planke um 1800 Mittelpunkt des gesellschaftlichen Lebens der Stadt, beherbergte zeitweilig einen Logensaal und in der Franzosenzeit (1822) das Central-Bureau der Polizei.
Die Böhmkenstraße (benannt nach den dort angepflanzten Bäumchen) ist für die Geschichte des Umfelds der Großen Michaeliskirche wichtig, weil an ihr mit der Nr. 4 der berühmte Bosselhof der englischen «Merchant Adventurers» gelegen war, von dem in der Beschreibung der «Englischen Planke» die Rede ist.

Mosje Leib keht düssen Morgen in der Früh uffen Schacher aus. Begegnen em zwa fremde Herrn vom Land, noch forchtsam und unerfahren in de krausse Welt. Mosje Leib biet se an seine Wor, die Herrens handeln mit Mosje Leib, und weil se sein noch forchtsam und unerfahren in de krausse Welt, bezahlen se Mosje Leib, was er fordert vor seine Wor. — Als Mosje Leib kemacht hat á Rebbes an seine Wor, denkt er sich zu thun eppes zu kut, keht nach der Schlachterstroß, und handelt á Kálberkeschling. Das hat er kestochen in seine Taschen, und ist gegangen darmit zu Haus. Unterwegs ist em einkefallen, daß er ist ke Koch und nicht weiß, was er soll mache mit á Kálbergeschling. Druff ist Mosje Leib widder umgekehrt, und hat kesprochen zur Schlachterfrau: Madam Schlachtern! hat er kesagt, verseihe se, ich hob doch gekoft von se á Kálberkeschling, hobs ehrlich bezohlt; aber ich waß doch nit, was ich soll mache mit á Kálberkeschling. Madam Schlachtern! verseihe se, woll se mer mit kebben 's Reßept derßu?

Die Schlachtern hot em hóflich keantwortet und kesakt: Mosje Leib, hot se kesakt, von á Kálberkeschling mussen se machen á Ragout. Spricht Mosje Leib, wie mach ich á Ragout, ich weiß doch nit, wie ich bekomm' á Ragout aus á Kálberkeschling, woll'n se mir nit kebben es Reßept derßu? — Á wenig Lorbeerblatt, eppes Pfeffer, Essig und de Hitz derßu; das mussen se nemmen, hat kesagt de Schlachtersfrau, Mosje Leib, da werden se hobben á scheines Ragout.

Mosje Leib war kanz froh übbers Reßept und hot kesagt zu der Schlachtern: Madam Schlachtern, hot er kesagt, hobben se nit á wenig Kreid, daß ich mir uffschreib es Reßept, as ich es nit sollt behalten? Se hot em gegebben á wenig Kreid, damit hot er's keschribben uff seine manschesterne Hausen; se waren kanz blank, denn er hot se kehandelt von á Schlachter. Druff is er gegangen weck. Als er keht uff de Stroß, kámmt á kraussier Hund bei Mosje Leib, macht ásau (der Erzähler spitzte bei diesen Worten Nase und Mund, als wenn er selbst das Kálbergeschlinge auf der Witterung hätte), foßt's Kálbergeschlinge bei dem End, das em hing aus de Rocktasch. Mosje Leib hat's en lassen fassen, und hat sich nit umkesehn, nit aus forcht, sondern vor Sorn; der krausse Hund hot's kenommen aus de Rocktasche, und hot's hinter sich durchkezogen sechszehn Ellen lang. Jetzt ist Mosje Leib widdergekommen zur Schlachtern; da hot er kefrokt, ob de krausse Hund noch nit do wáre mit á Kálbergeschling? As se kesagt hat: nein! hat er kewartet á halb Stündche, und weil de krausse Hund ist nicht widder gekomme mit á Kálbergeschling, hot Mosje Leib kesagt: will er's nit bringen widder, so soll er och nit hobben es Reßept derßu; druff hátt er's auskewischt von de manschesterne Hausen, nit aus Forcht, sondern vor Sorn. —

Der Krayenkamp mit den noch heute bestehenden altehrwürdigen Krameramtswohnungen, zog sich früher fast ganz um die Michaeliskirche herum; er ist anderswo näher beschrieben[78]; darum sei hier nur darauf verwiesen.

Das Teilfeld (Ziegelfeld) verlief früher nicht wie heute als gradlinige Straße, sondern bestand aus einem unregelmäßigen Gewirr von Häusern, Stallungen und Wirtschaftsgebäuden zwischen Schaartor und Düsternstraße. Schon Anfang des 15. Jahrhunderts werden hier Ziegelhütten genannt, wahrscheinlich von St. Nicolai angelegt. Nach Beginn der Arbeiten am Großen Wall (um 1624) mußte die Ziegelbrennerei dort wegen Unterminierungsgefahr eingestellt werden. Im 16. Jahrhundert gab es dort ein Haus für Pestkranke.

An das Teilfeld Richtung Herrengraben anschließend finden wir auf unserem Plan den Sägerplatz (dort wurden zeitweilig große Holzstämme zersägt). 1795 bebaut, erstand dort später das Schul- und Arbeitshaus der Allgemeinen Armenanstalt. Die südwestlich verlaufende Komponente dieses Platzes führte auf die Paßmannsche Schule bzw. den Kleinen Michel zu.

Die Englische Planke ist wohl am engsten mit der Geschichte des Großen Michels verbunden. Ihren Namen hat sie von dem Freizeit- und Erholungszentrum der englischen Kaufmannsgilde der «Merchant Adventurers», dem sogenannten «Bosselhof» mit einem Haus an der Böhnkenstraße 4, an der Ecke der später eben «Bei der Englischen Planke» benannten Straße vor dem Westportal der Kirche.

Die «Wagemutigen Kaufleute» spielten im 17. und 18. Jahrhundert eine bedeutende Rolle im Wirtschaftsleben Hamburgs. Die Hansestadt avancierte mit der Niederlassung der «Aventurier» in ihren Mauern zum Zentrum des englischen Handels auf dem Kontinent. Die Gesellschaft – auch «Faktorei» genannt – wurde als Geschäftspartner vom Rat der Stadt sehr geschätzt und erhielt deshalb weitgehende Privilegien (u. a. Steuerfreiheit, Zollvergünstigungen, sogar eigene Gerichtsbarkeit). Sie besaß ein repräsentatives Gebäude mit Treppengiebel, eines der schönsten der Stadt, in der Gröningerstraße; dort hielten sie ihre Versammlungen (courts) ab unter dem Vorsitz eines Courtmasters, der «die ganze hiesige englische Nation regierte». Die «Hochpreißliche Societät» erhielt vom Senat das obenerwähnte Freizeitzentrum zur freien Nutzung, wo ihre Mitglieder dem geliebten «Bosseln» (einer Art Kegelspiel) nachgehen konnten. Der Bosselhof, ein mit Walzen geglätteter Grasplatz, war 290 Fuß lang und 80 Fuß breit und nach der Mühlenstraße und gegen die Michaeliskirche mit einer Planke umgeben. Das zugeordnete 1707 errichtete Gartenhäuschen war baufällig geworden, als im Jahre 1761 die Gilde Vorbereitungen traf zu einem Gala-Fest anläßlich der Krönungsfeier ihres Königs Georg III. Sie verlangte vom Bauhof eine Finanzhilfe für einen Neubau und trotzte den in die Enge getriebenen Behörden schließlich aktive Hilfe ab, die darauf hinauslief, daß Sonnin in einer Blitzaktion das alte Haus abbrechen ließ und in zwei Wochen ein zweigeschossiges Holzfachwerkgebäude mit vollständiger Innenausstattung (Festsaal) samt Ehrentribüne errichtete. Diese kaum glaubliche Glanzleistung des Michel-Baumeisters war ermöglicht worden durch Überstundenlohn für die Handwerker, die Sonnin zusammen mit dem Baumaterial vom Bauplatz der Kirche einfach «entlieh». Das Fest selbst am 22. September wurde zum größten gesellschaftlichen Ereignis der Zeit. Das Ehrengerüst, festlich illuminiert mit erleuchteten Inschrif-

33 *Das Schimmelmannsche Palais an der Mühlenstr. vor St. Michaelis (Staatsarchiv)*

ten und allegorischen Figuren, Emblemen etc., war von einem durchscheinenden Regenbogen umgeben. Offenbar hatte Sonnin selbst auch Spaß daran; denn er sorgte dafür, daß den im Hafen liegenden Feuerwerksbooten das Zeichen zum Beginn des Super-Spektakels durch das Hissen einer englischen Fahne auf dem Kirchturm gegeben wurde, was ihm einen strengen obrigkeitlichen Verweis eintrug.[79]
Die «English Court» geriet in der Folgezeit teils durch die Strukturwandlung des Handelsverkehrs im Laufe der zweiten Hälfte des 18. Jahrhunderts immer mehr in Verfall. Die einst so stolze Societät siechte noch Jahrzehnte dahin mit zuletzt nur noch fünf Mitgliedern (in ihrer Blütezeit waren es fast 300), bis Napoleon dem grausamen Spiel ein Ende machte und am 29. August 1807 den zu einem Privatklub geschrumpften Torso zur Selbstauflösung zwang ... Die Bälle und Feste der feinen Hamburger Gesellschaft hatten sich schon längst einen anderen Mittelpunkt erwählt, nämlich das Schimmelmannsche Palais an der Mühlenstraße. Das Restaurant des Bosselhofes führte die Wirtin noch eine gewisse Zeit als deutsches Speiselokal weiter.

Einige der ehemaligen Häuser an der Englischen Planke sind schon im Bericht über den Brand von 1906 erwähnt worden. Die heutige Straße erscheint dem Fremden ungewöhnlich breit. Das war aber nicht immer so. Im 19. Jahrhundert gab es nämlich auch auf der Ostseite eine ansehnliche Häuserreihe, die von Faulwasser in einem Zeitungsaufsatz detailliert beschrieben ist.[80] Unmittelbar vor der Turmfront (Nr. 1–6) stand danach seit 1804 ein Gebäudekomplex mit zwei Stockwerken und 13 Fach Fenstern, dazu drei weitere Häuser aus früherer Zeit. Das Spritzenhaus an der Ecke stand durch einen Glockenzug mit der oben erwähnten Gewitterwache im Turm in Verbindung. Dort wohnte seit 1870 Inspektor Mohr. Als 1878 die Kirchenspritze durch die Fernverbindung mit der Feuerwache am Millerntor entbehrlich wurde, etablierte sich in dem Gebäude zunächst ein Kaufladen und danach der Optiker Schönberg. Das zweite Haus bewohnte der Erste Beamte Carl Eduard Faulwasser, der Vater des Architekten; sein Büro war daneben. Der Schneider Töpfer und später der Korbmacher Zimmermann waren im dritten Gebäude zu Hause. Die erstgenannten Beamtenhäuser hatten vom Kirchhof aus Eingänge für Kirchendiener und Turmbläser. Die fünf getrennt gebauten Treppen zur Kirche hin nahmen viel Platz ein, so daß die eigentlichen Wohnräume recht eng aneinandergedrückt und ineinander verschachtelt waren, was Faulwasser zu der Bemerkung veranlaßt, es sei aber sehr gemütlich gewesen und man habe dort gern gewohnt, «weil man durch die dünnen Teilwände nachbarlich alle möglichen Geräusche hören konnte, die der Betrieb der verschiedenen Familien regelmäßig mit sich brachte».
Beim Brand von 1906 wurden die Dächer dieser Häuser wegen ihrer unmittelbaren Nähe zum Brandherd so schwer beschädigt, daß der ganze Komplex niedergelegt werden mußte. Diese Seite der Englischen Planke wurde nicht wieder bebaut; der gewonnene Raum diente dann zur Verbreiterung der Straße, wie wir sie heute kennen.

# *Anekdoten um den Michel*

Beneke erzählt[81] einen erschütternden Vorgang, der sich vor vielen Jahren auf dem Dachboden der Kirche abgespielt hat:

«Ein Beamter der Kirche beargwöhnte einen anderen, daß er nicht redlich mit den Beckengeldern umgehe, und, um ihn heimlich beobachten zu können, stieg er auf den Dachboden und stellte sich an eines der Fenster im Gewölbe. Nach einer Weile sah er jenen sich mit einem Nachschlüssel an dem Gotteskasten zu schaffen machen. Da gab ihm die Erregung des Augenblicks und die Empörung über den Frevel ein, daß er durch das Fenster mit aller Kraft seiner Lungen in die weite totenstille Kirche hinunterrief: «Du sollst nicht stehlen!» Er sah jenen zurücktaumeln und fliehen und eilte ihm nach in sein Haus, aber als er dorthin kam, hatte sich jener bereits erhängt!

Wahrlich konnte man dort an Ort und Stelle es verstehen, wie grausenvoll es einem auf bösen Wegen Wandelnden zu Mute gewesen sein muß, als jene Stimme, deren Ursache er nicht kannte, aus der Höhe zu ihm herniederklang; sie hätte wohl auch einen Harmlosen mit Todesschrecken erfüllen können. Jener mag geglaubt haben, Gottes Stimme selbst zu hören; ach, daß er nur Gottes Gericht darin vernahm und sich verzweifelnd nun erst recht demselben überlieferte!

Senior Rambach der Jüngere (etwa 1850), teilte das Los vieler, einst berühmter Prediger; mit den Jahren ward seine Kirche leerer und leerer. Nur die Kinder des Kirchspiels schickte man regelmäßig in seine Gottesdienste. So pflegte er mit alter, müder Stimme vor ihnen zu predigen; als er aber einmal von der Untreue der Gemeinde sprach, klagte er: «Jeden Sonntag rufen die Glocken unserer Kirche in alle Straßen und Höfe hinein: ‹Und warum kommt ihr denn nicht! Und warum kommt ihr denn nicht!›

Die Kinder waren erschreckt aufgefahren, die Stimme des alten Herrn sank zurück; er ist nicht lange danach gestorben, aber seine Worte hatten sich unauslöschlich dem Herzen eines kleinen Mädchens eingeprägt. Aus diesem Kinde ist nach einem schweren Leben am Ende eine alte Frau geworden, die mir dies Erlebnis erzählt hat und ich gebe es weiter; denn diese Klage hallt durch viele Kirchen und es ist nicht gut, wenn ein Geistlicher so klagen muß.»

Vielleicht rührt der dürftige Kirchenbesuch aber auch teilweise daher, daß die Predigten die Zuhörer nicht befriedigten, weil sie, wie der spätere Pastor Dr. Thielecke es einmal ausdrückte «nicht darin vorkamen». Manche fremden Besucher haben dies kritisch vermerkt.

Jeremias Gotthelf, der Schweizer Dichter, z. B. äußerte sich über den Michel während seines Hamburger Aufenthalts im Jahre 1821 in diesem Sinne:

«Wir eilten den Michaelisturm zu besteigen. Nach dem Glöckner fragend, wies man mich in ein elegantes Haus, das ich, eines Irrtums überzeugt, zagend öffnete. Völlig aus der Fassung brachte mich der Anblick eines prächtig gewachsenen Mädchens, äußerst elegant angezogen, das im Vorzimmer die hübschen Tassen reinigte. Auf meine schüchterne Frage, ich wünsche den Turm zu besteigen, man hätte mich irrigerweise hierher gewiesen, wandte sich ein Gesicht um, das zu einer Hebe hätte sitzen können, und bedeutete mit holder Stimme, daß ich allerdings am rechten Ort sei; statt aber selbst mitzukommen, schickte sie einen kleinen Unhold als Führer mit. Der Junge führte uns zuerst in die Kirche. Anfangs schien, als werde eine Auktion gehalten. Um eine Ecke tretend, erklärte sich das unerklärliche Getöse durch einen großen starken Mann, der, wie ein Prediger angezogen, von der Kanzel herunter, einem halben Dutzend Zuhörer zudonnerte, worin das Erbe Christi bestehe. Ein Ausrufer, er mag ein noch so gutes Examen bestanden haben, ist ein Narr gegen ihn; so etwas Furchtbares, Betäubendes habe ich nicht gehört, wie die Stimme dieses Mannes war; schon hatten wir die Hälfte des Turmes erreicht, als wir ihn noch immer unter uns toben hörten ... Wie ich mich über den scheußlichen Prediger bei einem Hamburger wunderte, erklärte er mir, daß die Kirche meist nur von solchen Leuten besucht werde, die den Prediger nicht zu sich einzuladen vermögen; solche verdienen natürlich auch nicht, daß der Prediger mit sonderlicher Speise sie traktiere. Werde in Hamburg ein Mahl gehalten, so glaube man, es fehlte die Hauptperson, wenn nicht ein Pfarrer dabei sei. Diesen gefiele die Sitte gut und hätten in der Woche drei bis vier solche Funktionen zu bestehen. Solche Gastereien seien sehr splendid, dauern vier bis fünf Stunden ...

Noch keinen Turm habe ich so bequem zu besteigen gefunden und gefahrlos wie diesen, auch lohnte er die gehabte Mühe ... Was mich vorzüglich interessierte, war das auf einem äußerst kleinen Raume zusammengedrängte Hamburg. Man sah ganze Haufen Häuser, die, ineinander gebaut, keinen Zugang zu haben schienen, jedes Plätzchen benutzt, vier Pfähle aufzuschlagen und ein Dach darüber zu bauen. Zum ersten Mal erblickte ich hier den wie ein starker Nebel aufsteigenden Steinkohlendampf, der eine Stadt verhüllen kann. Wunderbar schiens mir auch, daß Hamburg mit hundertzwanzigtausend Einwohnern nur fünf Kirchen ... hat. Früher sollen es mehrere gewesen sein, aber eingegangen sein, weil man sie nicht benutzte, und von den fünf könnten füglich noch zwei entbehrt werden ...»

Eindrücke eines Fremden vom Umfeld des Michels im Jahre 1820:

Nachdem der Fremde, von einem Russen verführt, fast gegen seinen Willen auf St. Pauli ein milieugerechtes Abenteuer bestanden hatte, erzählt er[82]:

«Die folgende Nacht schlief ich von meiner Seelenangst ruhig aus, und begab mich schon am andern Morgen, zwar etwas verschämt, jedoch mit gutem Gewissen, auf die Wanderung durch Hamburgs reich belebte Gassen. Mit Freuden sah ich die Meerkatzen, Panoramen, Wachspuppen, Tiger und andere Gaukeleien, welche auf dem Hamburger Berge gen Altona paradieren, hinter mir; Redings Museum[83] sollte mich für solchen Verlust entschädigen. Auch war ich eben nicht betrübt, den Thorwärter im Rücken zu haben, welcher mein Leid am gestrigen Abend durch schweres Sperrgeld vermehrt hatte. Jetzt ging ich mit dem Gedanken um, Hamburg im Innern genauer kennen zu lernen, und, das Dänische im Rücken, unaufhaltsam ostwärts zu wallfahrten. Kaum 30 Schritte auf den Kohlhöfen hinunter, begegnete mir ein Israelit, welcher Scheeren und Bleistifte zum Verkauf anbot. Ich kaufte ihm eine Scheere ab, mein Reisegefährte aus P. ein Dutzend Bleistifte, um unsere gemeinschaftlichen Schicksale zu verewigen.

Als ich mir von dem Gauner, der ein ehrliches Gesichte hatte, die Wege weisen ließ, sagte er schmunzelnd: der Herre sind gewiß ein Berliner! Ich erklärte mir das feine Kompliment daraus, daß ich mich so honett hatte betrügen lassen.

Mein Begleiter fragte darauf, von welchem Standpunkte Hamburgs lebhafteste Parthien sich am Besten übersehen ließen? Der Hebräer wies auf den Michaelisturm, und fragte zudringlich: der Herr sind wohl aus Sachsen?»

Nach einem Abstecher zum Jungfernstieg bemerkte unser Besucher: «Der Name dieser Straße an sich hatte, wegen des gestrigen tragischen Ereignisses, schon so viel Abschreckendes für mich, daß ich kaum einen ungestörten Blick auf die Spiegelfluten der Alster warf. Was mich vollends aus dieser Sphäre vertrieb, war das Gedränge der Schönen, denen ich in Hamburg aus zwei Gründen nicht mehr traute: einmal, weil die Mutter Natur ihre Gaben allzu reichlich an ihnen verschwendet hat, und dann, weil mich ihre züchtige und fromme Miene erst Abends vorher gar zu sehr ins Gedränge gebracht hatte.

Um aller Verführung aus dem Wege zu gehen, eilte ich daher auf den Michaelisthurm. Der erste Blick vom Thurme sagte mir, daß Hamburg ein ewiger Jahrmarkt ist. Mein Freund war auch der Meinung. Nirgends etwas anderes, als Handel und unser Verkehr, und dabei ein Auf und Niedertraben von Männern, Weibern, Pferden und Fuhrwerken aller Art, daß uns auf dem Thurme selbst hätte bange werden können.»

G. H. Merkel gibt folgende Geschichte über eine Stuhlsetzerin zum besten:

«Ich ging an einem Feiertage auf ein Chor der Michaeliskirche. Die alte Aufseherin stand auf, sobald ich hereintrat und bot mir einen Stuhl an; ich schlug ihn aus, weil ich nicht gekommen war, den Prediger zu hören, den ich als einen ganz alltäglichen Wortmacher kannte, sondern das Innere der Kirche zu sehen. Sie erbot sich durch Gesten, mir eine Bank zu öffnen; ich schüttelte mit dem Kopfe. Sie trug mir ihren eignen Sitz an, von dem man wirklich eine recht gute Ansicht hatte. Ich weigerte mich und sie setzte sich ohne Umstände wieder hin, bewachte mich aber genau. Ich bot ihr ein Trinkgeld an, um sie für ihren guten Willen zu belohnen. ‹Nee›, antwortete sie, ‹wenn he nicht sitten geiht, krieg ich nischt!›» (aus G. H. Merkel: Briefe aus Hamburg und Lübeck, 1801).

Theodor Grützke, der frühere Türmer des Michels stellte die folgenden Anekdoten aus seiner persönlichen Erfahrung freundlicherweise zur Verfügung:

«Kurz nach dem Anbruch des Dritten Reiches wurde ich zu einer Versammlung der Marine-SA in der Neustadt gebeten. Dort forderte man mich als bekannten Trompeter auf, bei der Bildung einer Bläserkapelle mitzuwirken. Damals konnte man nur ja sagen, sonst machte man sich ja irgendwie verdächtig, und Musik mochte ich ja gern. Ich willigte also ein, allerdings mit dem Vorbehalt, ich müsse spätestens um 20 Uhr 45 wieder auf meinem Posten sein, da ich um 21 Uhr vom Turm blasen müsse. ‹Was, Mann, jeden Tag?› warf der maßgebende Uniformierte ein. ‹Allerdings›, antwortete ich, ‹jeden Tag.› – ‹Na, dann können wir Sie nicht brauchen.› So wurde also aus der Sache nichts. Unter den Umständen war ich auch nicht sehr traurig darüber.›»

In diese Zeit fällt auch ein Zwischenfall bei der Generalprobe zur Aufführung der Matthäus-Passion in der Karwoche 1934 oder 1935. Generalmusikdirektor Eugen Jochum sollte das Konzert dirigieren. Vorher hatte er mich schon einmal mit seiner Tochter auf den Turm begleitet, um mich beim Choralblasen zu beobachten. Die Musiker waren abends zur Generalprobe mit ihren Instrumenten versammelt, als Jochum hereinkam mit einem freundlichen «Guten Abend, meine Herren!» Da ertönte aus der Mitte der Orchestermitglieder, mit einem deutlich betonten sarkastisch-belehrenden Unterton, der mahnende Tadel: «HEIL HITLER, Herr Professor!» Darüber wurde Jochum so böse, daß er sich schweigend auf dem Absatz umdrehte und grußlos verschwand. Er dirigierte zwar pflichtgemäß das Orchester am nächsten Tag; die Generalprobe aber hatte ein Herr Hoffmann von der Singakademie übernehmen müssen.
Während des Krieges war ich Soldat. Meinem Vertreter, Paul Hennig, wurde eines Tages seine Trompete, die er aus Bequemlichkeit nach getaner Arbeit nicht mit nach Hause zu nehmen, sondern in einem Winkel unter der Uhr zu verstecken pflegte, gestohlen. Es ergab sich nun, daß der Dieb versuchte, das Instrument zu verschachern. Die Blaskapelle im «Zillertal» auf der Reeperbahn erschien ihm für seine Zwecke erfolgversprechend. Dort prüfte einer der Bläser das corpus delicti, blies darauf, zog bedenklich die Stirn in Falten und dachte dann laut: «Mensch, dieser Klang kommt mir so bekannt vor, wo hab ich denn den schon mal gehört? Halt, jetzt weiß ich! Das muß ich vom Michel oben herab gehört haben, ich wohn ja ganz in der Nähe.» Dem Dieb muß bei diesen Worten ziemlich schwül unter der Haut geworden sein, denn als man ihn verhören wollte, hatte er sich klammheimlich absentiert.
Am folgenden Morgen brachten die Zillertaler die Trompete zum Michel, wo sie als das gestohlene Eigentum identifiziert wurde. Auf meine Frage, wie man am Klang solch ein Instrument erkennen könne, erwiderte Grützke:
«Es handelte sich hier um ein Flügelhorn, mit einem charakteristisch weichen Klang. Ein guter Musiker kann es u. U. am Ton wiedererkennen. Meine Art, den Choral zu blasen, wurde von geübten Zuhörern ja auch manchmal als die meinige erkannt. Wenn ich einmal aus einem bestimmten Grund nicht in der Lage war, mein Amt auszuüben und ein Vertreter dies übernahm, fragten mich

am nächsten Tag mit Sicherheit Bekannte: ‹Na, wo warst du denn gestern eigentlich?›»
«Einmal im September», so erzählt der Türmer weiter, «rief mich der Fahrstuhlführer in meinem Kassenhause an, er habe gerade eine Dame nach oben befördert, die sich eigenartig benehme. Sie griff nämlich in ihre Handtasche und machte einige Male eine Bewegung, als ob sie etwas über Bord werfen wolle. Gefragt, was das bedeuten solle, antwortete sie: ‹Junger Mann, das verstehen Sie nicht. Das ist die Asche meines verstorbenen Gatten, der Seemann war, und diese Art der Bestattung testamentarisch gefordert hat.› Nachdem sie das Ritual in alle vier Himmelsrichtungen zelebriert hatte, empfahl sie sich. Wie ich später erfuhr, war sie die Inhaberin des Lokals «Libelle» in der Mönckebergstraße.»

Die lustigste Episode aus seiner Amtszeit hatte der Türmer bis zuletzt aufbewahrt.

«Im Jahr 1953 oder 1954», so erinnert er sich, «wurde mir von der Staatskanzlei angekündigt, der Bürgermeister von Rotterdam werde anläßlich eines offiziellen Besuches der Hansestadt auch den Michel besichtigen wollen.
Ein Großer Bahnhof mit ‹Weißen Mäusen› und allem Drum und Dran stand also bevor. Die Vorfahrt der Staatskarossen war auf 9 Uhr 30 festgesetzt. Da hatte ich also, so rechnete ich, genügend Zeit, den hohen Herrn im Fahrstuhl nach oben zu fahren, und dann um 10 Uhr anschließend den Morgenchoral zu blasen. Der erlauchte Gast kam aber nicht pünktlich. Es wurde viertel vor 10, ich war schon ganz nervös, es wurde 5 Minuten vor 10. ‹Nu is aber Schluß›, dachte ich, ‹muß er eben warten, bis ich wiederkomme.› Ich fuhr allein hinauf und blies mit gewohnter Hingabe nach allen vier Seiten hin. Als ich mich nach Süden wandte, Richtung Hafen, erblickte ich zu meinen Füßen die Anfahrt der Limousinen. Ein vornehmer Herr stieg aus und lauschte andächtig den frommen Tönen meines Instruments. Nach der Besichtigung der Kirche formierte sich die Diplomatenkarawane zur Abfahrt. Im letzten Augenblick zögerte der Wagen des holländischen Würdenträgers, ein Mensch mit Zylinder entstieg dem Gefährt, schritt langsam auf mich und meine Frau zu, die wir mit anderen Neugierigen dem Spektakel zuschauten und sprach: ‹Der Herr Oberbürgermeister läßt noch recht herzlich danken für den musikalischen Gruß, den Sie ihm zum Empfang entboten haben.› Ich war höflich und geistesgegenwärtig genug, ergebenst zu lächeln. Eine Aufklärung des Irrtums hätte seiner Eitelkeit sicher einen Stich versetzt; so dürfte er seinen Michel-Besuch wohl weiter in bester Erinnerung behalten».

Zu guter Letzt seien noch zwei «tragikomische» Vorfälle berichtet, die zwar unweigerlich zum Lachen reizen, zugleich aber auch zeigen, mit welch erschreckendem Unverstand manche Gemeindeglieder kirchlichen Handlungen gegenüberstanden.

Die erste Episode wird von Pastor Sengelmann so erzählt:

> «U. wünscht, daß seine 14jährige Tochter, die den Konfirmandenunterricht besucht, erst getauft werde, doch so, daß sie entweder selbst nicht dabei sei, oder doch wenigstens nicht bemerke, daß die Handlung eine Taufe *sei; es sei ihm vor dem Kind so genierlich, daß er es habe nicht taufen lassen!*»

Ein ähnlicher Fall wird von einem Geistlichen aus dem Jahr 1908 berichtet:

> «Eine junge Frau kam zu mir und sagt:
> ‹Im April 1907 hatten wir Hochzeit. Leider ist damals die Trauung unterblieben. Mein Mann und ich möchten nun so gern nachträglich in diesem Jahr an unserm Hochzeitstag kirchlich getraut werden, doch hat er leider dann den ganzen Tag Dienst, so daß ich nur allein *kommen kann. Um welche Zeit darf ich zu Herrn Pastor kommen, damit die Trauung an mir allein vollzogen werde?!*›»

# *St. Michaelis seit 1940 (Epilog)*

Der Zweite Weltkrieg hat die Kleine Michaeliskirche völlig in einen Trümmerhaufen verwandelt. Sie konnte aber bis 1952 in neuer Gestalt wieder aufgebaut werden.

Auch die Große Kirche hat schwere Schäden davongetragen, Gott sei Dank nicht in der Substanz.

In den Schreckensnächten Ende Juli 1943, als Tod und Verderben auf die Stadt herniederprasselten, suchten Tausende von Bürgern der Neustadt, manchmal 3000 und mehr, Schutz und Zuflucht im Innern und in den Gewölben der Kirche, darunter auch die alten Leute aus den nahen Krameramtswohnungen am Krayenkamp.

Mitten in dem Gewühl der Jammergestalten, die betend, fluchend, rauchend, trinkend, auf den Grabplatten großer Söhne der Stadt verängstigt eng beieinander hockend, durchlitten auch schwangere Frauen ihre schwersten Stunden: Mehrere Kinder erblickten in dieser grauenhaften Atmosphäre das Dunkel der Welt. Mitten unter ihnen saß auch, wie alle anderen Menschen Erlösung erhoffend aus der schier endlosen Qual – Pastor Bode mit Frau und Kleinkind. Bei seinem Anblick rief einer der Männer in der Nähe mit makabrem Humor aus: «Kiek mol, de Pastor, wat will de denn hier!?»

Oben auf der Plattform des Turmes standen Posten der Polizei und der Feuerwehr. Als wahres Himmelfahrtskommando hatten sie den Auftrag, Einschläge zu beobachten und an die Zentrale zu melden. Kleinere Schäden versuchte man so bald wie möglich zu beheben. So gelang es mehrfach, zertrümmerte Fenster wieder zu verglasen. Teilweise zerstört wurde auch der Chorraum.

Am 11. März 1945 wäre es um ein Haar zu einer Katastrophe gekommen. Während eines Gottesdienstes in den überfüllten Katakomben explodierte eine Bombe mitten auf dem Kirchendach. Aber dank einer Betonschicht, die nach dem Brand 1906 als Feuerschutz eingebaut worden war, kam das Dach nicht zum Einsturz, und 1200 Menschen waren noch einmal davongekommen.[84]

Übrigens, was selbst viele Hamburger nicht wissen: Die Statue des Erzengels Michael über dem Hauptportal überstand alle Kriegsgefahren unbeschädigt, während der böse Drache unter ihm hinweggebombt wurde!
In den Nachkriegsjahren konnten die entstandenen Schäden nach und nach beseitigt werden. Die Anfang der 40er Jahre beschlagnahmten Glocken, in einem Hafenschuppen zwischengelagert, sollten eigentlich für den «Endsieg» eingeschmolzen werden. Dazu war es aber glücklicherweise nicht mehr gekommen. So konnten sie 1947 im Triumph wieder heimgeleitet werden, dorthin, wo sie hingehörten: in den Turm des Michels.
Endlich, am 19. Oktober 1952, war das Werk der Restaurierung im wesentlichen vollendet; feierlich beging die Gemeinde diesen Tag mit einem Dankgottesdienst.
Rings um die Kirche herum hatten die Bomben des Krieges Spuren der Zerstörung hinterlassen, die eine Neugestaltung des Kirchenplatzes erforderten. Die das Umfeld nunmehr beherrschende Ost-West-Straße sollte die architektonische Einheit des ganzen Komplexes nicht erdrücken. Das ist dank der Planung von Architekt Langmaack hervorragend gelungen. Die neu erstandenen Bauten (Pastorat, Gemeindewohnung, Türmerhaus) gruppieren sich locker um das gesamte Areal herum, organisch der Straßenbegrenzung angepaßt. Mit ihren flach konstruierten Dächern geben sie von überall her den Blick auf den Michel frei. Neu entstehende Wohnblocks rings herum fügen sich in dieses Konzept ein. Sie betonen durch ihre bloße Existenz, daß die Große Michaeliskirche nicht nur als steinernes Denkmal der Vergangenheit zu werten ist, sie soll und kann – wieder – zum Mittelpunkt kirchlichen Lebens der Neustadt werden.
Frischer Wind im Gemeindeleben zeigte sich auch in den 60er Jahren, als die Studentenunruhen und Provokationen gegen Prof. Thielecke in ruhigere Bahnen konstruktiver Mitarbeit gelenkt werden konnten.
Ein Ereignis der neuesten Zeit hat viele Hamburger, nicht nur die Anwohner, wie wohl kein anderes in ihren Bann gezogen. Das war die Erneuerung der vom Rostfraß bedrohten Kirchturmspitze 1983–1985. Anfang November 1983 wurde diese aus ihrer Verankerung gelöst und in einer waghalsigen Aktion mittels Hubschrauber in Zentimeterarbeit auf den Kirchenvorplatz hinabgesenkt. In der 145 kg schweren Kupferkugel fand man unversehrt die beim Richtfest nach dem Brand von 1906 darin eingeschlossene Kassette mit zeitgeschichtlich interessanten Dokumenten wie Münzen, Gemeindebriefen, Namenverzeichnisse von Spendern, Gedichte, Zeitungen vom September 1906 etc. Ebenso begeistert wie das Hinabsenken der Kugel genossen die

35 *Vom Hubschrauber wird die erneuerte Kugel und Kreuzfahne auf die Turm-Plattform hinabgesenkt (Mai 1985 / Foto: Hamb. Abendblatt)*

Hamburger auch nach der Erneuerung das Schauspiel der Rückführung des metallenen Patienten auf seinen angestammten Platz in luftiger Höhe, gleichfalls per Hubschrauber. Unter den diesmal eingelegten Dokumenten befindet sich u. a. auch die inzwischen berühmt gewordene Rede von Bundespräsident v. Weizsäcker zum 40. Jahrestag der Kapitulation von 1945.
Im Sommer 1985 zeigte sich dann unser Michel mit erneuerter Fahne, Kugel und Kreuz in neuem Glanz.
Übrigens war die kostspielige Restaurierung erst ermöglicht worden durch die großherzige Spende eines anonymen heimattreuen Amerikaners in Höhe von 4 Millionen Mark.
So steht er heute wieder da in der Mitte unserer Stadt in majestätischer Schönheit, unser Michel.
Wenn der fremde Besucher staunend den Blick hebt zu diesem stolzen Wahrzeichen unserer Stadt, dann möge er nicht versäumen, die (leider!) stadtteilzerstückelnde Ost-West-Straße zu unterqueren, um dem kleinen Bruder schräg gegenüber seine Reverenz zu erweisen. Denn der Kleine Michel (die Ansgarkirche), heute den katholischen Christen der Neustadt geistliche Heimat, steht ja auf dem Boden jener winzigen Friedhofskapelle von 1600, der Urzelle beider Gotteshäuser, unseres Michels, des Kleinen und des Großen!

# *Anmerkungen*

[1] Sankt Michaelis 1762–1962 (Festschrift II) Hamburg 1962, S. 4. Wilken wirkte von 1913 bis 1946.
[2] (Sankt Michaelis) Festschrift II, S. 142.
[3] Ellern = Erlen. Von der Brücke ging eine mit Erlen bepflanzte Straße aus.
[4] Der Paradieshof war ein Verbindungsgang zwischen der Straße «Bei der Kleinen Michaeliskirche» und dem Alten Steinweg. Die Straße hieß «Hof», obwohl damit eigentlich eine Sackgasse hinter Häusern bezeichnet wurde, wie etwa die Krameramtswohnungen am Krayenkamp. In diesem Fall handelt es sich um zwei ineinandergehende Höfe (jeweils überbaute Öffnungen unter Häusern). Der Name «Paradieshof» rührt wahrscheinlich von einem Schaustellerwagen her, auf dem ein Paradies aufgemalt war.
[5] Wortmann 70–71.
[6] Wortmann 75–76.
[7] Milchberg hieß die südlichste Obergegend der Vorstadt, zwischen dem Marcusplatz und der Pohlstraße, «weil hier die Kuhmelker wohnten oder weil man das Vieh zur Abmelkungszeit dort hinantrieb.» Wortmann 79.
[8] Nach Geffcken I, 10.
[9] Siehe Linkemeyer 378.
[10] Faulwasser II, 5.
[11] Dammann 11–12.
[12] Faulwasser II, 149.
[13] Faulwasser bezweifelt, daß es sich um Ständerwerk (Fachwerk) gehandelt haben könne. Er vermutet, es müsse wohl ein Ziegelbau gewesen sein. Als Architekt kann er dem Laien Wortmann auch sonst einige Unstimmigkeiten nachweisen. Z. B. sei die von ihm angegebene Tiefe von 3 Fuß offensichtlich falsch, da schon die vorhandenen Gräber eine Tiefe von 2–3 Metern erfordert hätten.
[14] Wortmann 89 ff.
[15] Nach Dammann 18.
[16] Wortmann 94–95.
[17] Noch 1649 suchte man diese merkwürdige Version sozusagen zu «untermauern». Für den Grundstein zur ersten Großen Michaeliskirche wählte man nämlich folgende Inschrift: «Lapis primus et imus templi novi immortali gloriae Principis Magnis Michaelis id est FILII DEI» (erster und unterster Stein des neuen Tempels zum unsterblichen Ruhme des Großfürsten Michael, d. h. DES SOHNES GOTTES ...).
[18] Über Bezeichnungen und Funktionen der verschiedenen Kollegien siehe S. 107 ff.
[19] Wortmann (160) berichtet, daß von 1671 bis 1680 im Durchschnitt 57 Schiffe jährlich nach Grönland ausgerüstet wurden, welche «ein Jahr ins andere gerechnet, 20000 Quardeelen Speck mit nach Hause brachten».
[20] Peter Marquards Sohn Hans gehörte zu den Erbauern der Krameramtswohnungen hinter der Apsis der Kirche.
[21] An ihn erinnert noch heute die Wincklerstraße, die von der Südostecke des Krayenkamps abgeht.

[22] Geffcken II, 125.
[23] Geffcken II, 157.
[24] Geffcken II, 228.
[25] Schon einmal, 25 Jahre früher, war es zu einem Eklat ähnlichen Ursprungs gekommen, als nämlich die zum katholischen Glauben übergetretene Königin Christine von Schweden, damals allerdings wirklich provokativ, eine Papstwahlfeier inszenierte, die den Pöbel zur Verwüstung des Hauses trieb. Näheres bei Pabel: Im Schatten des Michel, 68 ff.
[26] Dreves 134–135.
[27] Gallois II, 536.
[28] Heß, I, 464.
[29] Faulwasser II, 34.
[30] Dies geschah auch tatsächlich, aber leider zu spät; am 5. März 1750 faßte das Kollegium einen entsprechenden Beschluß, nur 5 Tage vor dem tragischen Brand der großen Kirche. Damit wurde der Gemeinde natürlich ein Strich durch die Rechnung gemacht.
[31] Vgl. im Kapitel «Umfeld des Michel», S. 124.
[32] Das Hl.-Geist-Hospital (zum Nicolai-Kirchspiel gehörig) befand sich zwischen dem Mönkedamm und der Großen Johannisstraße, etwa auf dem Gelände der heutigen Börse.
[33] Portugalöser: vor allem in Hamburg im 16. Jahrhundert gebräuchliche Goldmünzen im Wert von 2 ½, 5 und 10 Dukaten.
[34] Die Verbindung des Alten Steinwegs über den Herrengraben hinweg zum Graskeller. Die dort befindliche Ellerntorsbrücke wurde zeitweise deshalb auch «Constantinsbrücke» genannt. Auf dieser Brücke gab es eine «Constantinswache». Vgl. Wichmann 132.
[35] Beede: die Versammlung der Leichnams- und Kirchgeschworenen. Siehe auch S. 101 ff.
[36] «Letzte evangel.-luth. Predigt in der kleinen Michaeliskirche am Sonntag Oculi, an welchem Tage diese Kirche schon nachmittags um vier Uhr der franz. Behörde übergeben worden, gehalten von J. F. Tonnies. Auf Verlangen vieler damaliger Zuhörer jetzt erst abgedruckt, 1813».
[37] Zitiert nach Linkemeyer 376.
[38] Wahrscheinlich ist die Kanzel-Versetzung schon früher erfolgt, da Hübbe in seinem 1824 erschienenen Buch diese bereits erwähnt.
[39] Der Neubau wurde nun offiziell dem hl. Ansgar geweiht. Als zweiten Patron wählte man in Anerkennung der französischen Mitwirkung bei der Etablierung der Gemeinde den hl. Bernhard von Clairvaux, den geistigen Erneuerer seines Landes. Im Volksmund jedoch wird die Ansgar-Bernhard-Kirche wie ehedem der «Kleine Michel» genannt.
[40] Dammann 74–75.
[41] Sonnins ungezügelte Bastelsucht machte ihn zum perfekten do-it-yourself-man. Kaufte er sich z. B. einen Hut, so zog er mit Kreide rund um den Rand einen Kreis. Nach diesem schnitt er den Hut ab, faßte ihn selber mit einer goldenen Tresse ein und machte dann den Hut zu einem Dreieck, an dessen linke Seite der goldene Knopf mit der goldenen Schleife kam. War die vorderste Ecke durchgegriffen, so drehte er ihn um 120 Grad, und setzte Knopf und Schleife um. Seine Westen machte er sich selber, aber seinen Rock ließ er vom Schneider machen. Aber nur das erste Mal. Wenn er gekehrt werden mußte, tat er es selber.
[42] Möller starb etwa 1775, kurz nach einem Streit mit seinem langjährigen Freund und Gönner.
[43] Daß Sonnin gelegentlich mit den Zünften – den damaligen Gewerkschaften – auf Kriegsfuß stand, rührt sicher von der Tatsache her, daß der gewissenhafte Baumeister sich Arbeiter wünschte, die ihm als am besten qualifiziert erschienen, nicht unbedingt solche, die ihm durch die Ämter zugewiesen wurden.
[44] Orlich war damals amtierender Hauptpastor an St. Michaelis.
[45] Orlich 44–48.
[46] Zitiert nach Lutter 72–73.
[47] Im ganzen hatte Sonnin sieben Entwürfe angefertigt.

48 Dammann 205.
49 Dieses und die folgenden Zitate stammen aus dem bemerkenswerten Brief, den Sonnin am 14. August 1780 an Senator Wagner zu seiner Rechtfertigung gegen alle Angriffe seiner Gegner gerichtet hat (zitiert nach Geffcken I, 84–86).
50 Es handelt sich um eine Art Auslegerwinde. Die Handzeichnung ist bei Faulwasser II, 88 abgebildet.
51 H. F. Beneke 21.
52 Die Sonninkirche in Wilster. Festschr. z. 150. Jub. Wilster 1930.
53 Meeder II, 420–422.
54 Ritter Erinnerungen 10–14.
55 Zitiert nach St. Michaelis Festschr. I, 10–12.
56 Nach einer Notiz des «Hamb. Corresp.» vom 12.7.1906 gab es übrigens eine behördliche Anordnung für den Fall von Katastrophengefahr, die sich allerdings nach der schlimmen Erfahrung von 1750 auf Feuersgefahr durch Blitzschlag bezieht. Danach mußten bei herannahendem Gewitter vier Männer Wache auf dem Turm halten, nämlich je ein Zimmermann, Tischler, Mechaniker und der Turmwächter. Der Zimmermann sollte die Oberaufsicht haben und zugleich Kontakt zum Wächter halten. Die Wache war verpflichtet, bis zum Ende des Gewitters auszuharren. Dies geschah noch am Vortage, am 2. Juli, wie die Eintragung über ausgezahlten Lohn dafür ausweist.
57 Die Hamburger Journalisten hatten offenbar mit dem schwäbisch klingenden Namen Schwierigkeiten; dieser ist damals meist falsch wiedergegeben worden. Es fanden sich folgende Versionen: Breule, Beuerle, Breuel. Im Hamburger Fremdenblatt zum 20. Jahrestag des Brandes (1926) wurde das arme Opfer sogar zum «Brenzle» gestempelt.
58 «Die Große Michaeliskirche vor und nach dem Brande am 3. Juli».
59 Diese Vermutung widerspricht allerdings anderen Berichten.
60 Havelock = ärmelloser Männermantel mit halblanger Pelerine.
61 Beneke I, 26ff.
62 Theodor Grützke, der ehemalige Turmbläser, versicherte dem Verfasser mündlich, er habe von Julius Faulwasser, dem Architekten, in einer persönlichen Unterredung von einem bisher nicht bekannten Zwischenfall erfahren. Danach sei der Polier eine Stunde vor dem offiziellen Beginn der Feierlichkeiten ganz aufgeregt zu Faulwasser gerannt mit der Schreckensbotschaft: «Die Hanfseile sind weg, gestohlen!» Daraufhin hätte man die Glockenfeier um zwei Tage verschieben müssen, bis von Bremerhaven Ersatz für die entwendeten Seile herbeigeschafft werden konnte.
62a Festschr. I, 72/73.
63 Faulwasser II, 163.
64 Die Original-Urkunde befindet sich im Archiv von St. Michaelis.
65 Rathsmusikanten wurden bei offiziellen Anlässen vom Rat eingesetzt; sie unterstanden dem Wedde-Gericht. Ihnen zur Seite standen die sog. Expectanten (Gehilfen oder Anwärter). Rollenbrüder nannten sich die Mitglieder einer Art Musiker-Brüderschaft, deren Satzungen auf Rollen verzeichnet waren.
66 nach Kleßmann, Telemann, 144.
67 Diese Bezeichnung ist natürlich nicht korrekt, da der Hamburger Kirchenmusikdirektor für alle fünf Kirchspiele zuständig war.
68 Burney: Tagebuch. Zitiert nach Miesner, 6.
68a Miesner 98.
69 Miesner 128
70 Das Wort «Sieg» in der Inschrift ist sicherlich ein «Druckfehler», da es keinen Sinn gibt; statt dessen war wohl «für sich» gemeint; denn die Gräber wurden üblicherweise von den Interessenten «für sich und ihre Familie» bestellt.
71 Sittard 163/164.
72 Orlich 44.

[73] Das häßliche Wort «Kauf» nahmen die Mitglieder des Kollegiums natürlich nicht in ihren Mund. In ihrer Stellungnahme zu dem Fall kleideten sie ihre eindeutige Haltung vielmehr in folgende gewundene Rhetorik:
«Es fünden sich viele Uhrsachen, den Verkauff eines Organisten Dienstes nicht einzuführen, weil es zum Gottesdienste nit gehöret, sondern also sollte die Wahl frey seyn und die Capacitaet der Subjecti mehr als das Geld consideriret werden. Wann aber nach geschehener Wahl der Erwehlte aus freyen Willen eine Erkänntlichkeit erzeigen wolle ..., könnte solche der Kirchen zum Besten angenommen werden» – Zitiert nach Geiringer 176.
Mattheson berichtet in diesem Zusammenhang von der Erbitterung des Pastors von St. Jacobi, der in einer Predigt zur Weihnachtszeit sarkastisch bemerkte, «er glaube ganz gewiß, wenn auch einer von den bethlehemitischen Engeln vom Himmel käme, der göttlich spielte, und wollte Organist zu St. Jacobi werden, hätte aber kein Geld, so möchte er nur wieder davonfliegen!»

[74] Sittard 197.

[75] Algner, in «Hamburg. Kirchenblatt, 25. August 1906.

[76] O. Beneke I, 3.

[76a] Zitiert nach Festschr. II.

[77] St. Michaelis Festschr. II, 39.

[78] Pabel 65 ff.

[79] Pabel 69 ff.

[80] «Die Häuser an der Englischen Planke» in «Der Nachbar» vom 7. Mai 1920.

[81] Beneke, H. F. Erinnerungen 18.

[82] Galen 99 ff.

[83] Gemeint ist «Rödings Museum». Der Oberalte Peter Friedrich Röding hatte während eines langen Lebens eine reichhaltige Privatsammlung von Gegenständen der Kunst, Naturwissenschaften und des Kunstgewerbes zusammengetragen. Am 14. April 1804 machte er seine Schätze dem Publikum in der Steinstraße 42 zugänglich. Nur ein Jahr später zog er damit um in das Artillerie-Zeughaus am Deichtorwall, und zwar in den Teil des Bauhof-Geländes, der nach dem Wall zu gelegen war. Sein Museum erlangte bald europäischen Ruf, überstand glücklich die Turbulenzen der Franzosenzeit – der französische Naturforscher Cuvier hatte zu einer Auslagerung geraten –, wurde dann aber leider nach dem Tode Rödings (1847) aufgelöst, und durch Auktion der Bestände wurde das kostbare Gut in alle Winde zerstreut, nachdem schwache Versuche, die Stadt zu einer Übernahme zu bewegen, gescheitert waren. Rödings Museum kann als Vorläufer der heutigen Staatlichen Museen (Völkerkunde, Kunst u. Gewerbe) betrachtet werden. Die Exponate aus allen Klassen des Tierreichs, nach Linné geordnet, die Kupferstich-Sammlung, das Münz- und Raritätenkabinett war, wie Meeder (II, 415 bis 416) hervorhebt, «streng wissenschaftlich geordnet, und dennoch herrscht eine gewisse Zierlichkeit vor. Obgleich der Eigenthümer den Zutritt gegen ein sehr mäßiges Eintrittsgeld gestattet ..., wird dennoch dieses Museum selten von Einheimischen besucht; Fremde sind es, die es zu würdigen verstehen». Vergl. Rhode a. a. O.

[84] E. v. Wiese hat in seinem Buch: «Hamburg – Menschen und Schicksale» die Kriegszeit im und am Michel eindrucksvoll beschrieben; seiner Schilderung S. 146 ff liegt dieser Kurzbericht zugrunde.

# *Quellennachweis*


ADLUNG, J: Musica mechanica organoedi, 1768 (Repr. 1961)
BEHRMANN, G.: Senior Georg Behrmann, seine Persönlichkeit u. s. Wirken., ges. v. s. Freunden. Hbg., 1916
BENEKE, H. F.: Erinnerungen an die große Michaeliskirche in Hbg. u. a. d. Ministerial-Bibliothek. Hbg., 1906
BENEKE, O.: Der große Neumarkt in Hamburg. Hbg. 1873 (BENEKE I)
BENEKE, O.: Von unehrlichen Leuten. Hbg., 1863 (BENEKE II)
DER BRAND der Großen Michaeliskirche zu Hamburg am 3. Juli 1906. Ein Erinnerungsblatt. Hbg. 1906
BURNEY, K.: Cal Burneys ... Tagebuch einer musikalischen Reise ... 3 Bde. Hbg., 1772–73
CHRONIK der Großen Michaeliskirche n. d. Brand, Hbg. 1906
CORTUM, T.: Erinnerungen an die am 3. Juli 1906 durch Feuer vernichtete St. Michaelis Orgel
DAMMANN, W. H.: Die St. Michaeliskirche und ihre Erbauer. Lpz. 1909
(DREVES, L. B.): Geschichte der katholischen Gemeinden zu Hamburg und Altona. Schaffhausen, 1850
DUHR, S. J.: Geschichte der Jesuiten in den Ländern deutscher Zunge, Regensburg, 1921
EHLERS, H.: Chronologie und Calendarium der Geschichte Hamburgs. Ein Suppl. zu jeder Chronik. Hbg., 1868
FAULWASSER, J.: Die St. Michaeliskirche zu Hamburg. Eine vaterstädtische Studie. Hbg., 1886 (Faulwasser I)
FAULWASSER, J.: Die St. Michaeliskirche in Hbg., Hbg. 1901 (Faulwasser II)
FESTSCHRIFT zur Einweihung der neuerstandenen Großen Michaeliskirche. Hbg., 1912 (Festschrift I)
FESTSCHRIFT Sankt Michaelis 1761–1962. Hbg. 1961 (Festschrift II)
FUHRMANN, H. (Hg.): Historische Blätter, Jg. 1, 4, 5. Hbg. 1826–1834
GAEDECHENS, C. F.: Historische Topographie der Freien und Hansestadt Hamburg u. Umgebung. Hbg, 1880
GALEN, R. G.: Vier Wochen auf Reisen. Ein Vademecum malerischer Umrisse ... Skizzen und Anekdoten. Halberstadt, 1820
GÄRTEN, Landhäuser und Villen d. hamb. Bürgertums ... in vier Jahrhunderten. Ausst. Mus. f. Hbg. Gesch. 1975 (Schauslg. MfHG, 4)
GEFFCKEN, J.: Die große Michaeliskirche in Hamburg. Denkschr. z. 1. Säcularfeste. 2. Auflage Hbg. 1862 (Geffcken I)
GEFFCKEN, J.: Johann Winckler und die Hamburgische Kirche in seiner Zeit (1684–1705). Hbg. 1861 (Geffcken II)
GEIRINGER, K.: Die Musiker-Familie Bach. München, 1958
HALLE, E. v.: Die Company of Merchant Adventurers ... (in: Internat. Wochenschr. f. Wissensch., Kunst, Kultur, 4. 4. 1908)
HAMBURGS fünf Hauptkirchen. Vortr. d. hamb. Hauptpastoren. Hbg. 1906

HECKMANN, H.: Sonnin, Baumeister des Rationalismus in Norddeutschland (= Mitt. a. d. Mus. f. Hbg. Gesch., XI) 1977
HESS, J. L.: Hamburg, topographisch, historisch und politisch beschrieben. 2. Aufl., 3 Bde., Hbg. 1810–1811
HITZIGRATH, H.: Das englische Haus a. d. Gröningerstraße und der Bosselhof an der Engl. Planke (Hbg. Corr. 1.–3. Okt. 1901)
HOLTZMANN, T.: Das spanische Militär in Hamburg. Hbg. 1907
HÜBBE, J. H.: Ansichten d. Freien u. Hansest. Hbg., Frankfurt 1824
JANSSEN, J. A. R.: Ausführliche Nachrichten über die sämtlichen evangel.-protest. Kirchen u. Geistlichen d. freyen und Hansest. Hbg. u. ihres Gebiethes ... Hbg., 1826
KLESSMANN, K.: Telemann in Hamburg. Hbg., 1980
LINKEMEYER, C.: Das katholische Hamburg in Vergangenheit und Gegenwart. Hbg. 1931
LUTTER, H.: Die St. Michaeliskirche in Hamburg. Der Anteil der Baumeister Prey, Sonnin u. Heumann an ihrer Gestaltung. Hbg., 1966 (= Arb. z. Kirchengesch. Hamburgs, 9)
MATTHESON, J.: Der musikalische Patriot, 1728
MEEDER, W. L.: Geschichte von Hamburg. 2 Bde. Hbg., 1838
MELHOP, W.: Alt-Hamburgische Bauweise. 2. Aufl. 1925
MERKEL, G. H.: Briefe über Hamburg und Lübeck. 1801
MEYER, F. J. L.: Skizzen zu einem Gemälde v. Hbg. Tl. 2 Hbg. 1802
MIESNER, H.: Carl Philipp Emanuel Bach in Hbg. (Diss.) Lpz. 1930
ORLICH, E. L.: Das pflichtmäßige Verhalten ... in Absicht (der) Gotteshäuser in einer Predigt am Tage d. Einweyhung d. ... Michaeliskirche 19. Oct. 1762. Mit Suppl.: Histor. Bericht. Hbg. (1762)
PABEL, R.: Im Schatten des Michel. 3. Aufl. 1985
REIMERS, K.: Sankt Michaelis 1604–1904. Hbg. 1904
REINKE, J. T.: Lebensbeschreibung des ehrenwerten E. G. Sonnin, Baumeister u. Gelehrten in Hamburg, Hbg. 1824
RHODE, A.: Kunstmuseum d. Oberalten P. F. Röding u. s. Versteigerung im Jahre 1847 (In: Der Kunstsammler, 1920, 717ff)
RITTER, J. / H. BURCHARD, geb. Ritter (Hg.): Pastor Gustav Ritter. Erinnerungen u. Briefe z. s. 100. Geb. Detmold, 1932
DIE RUINEN der St. Michaeliskirche zu Hbg. Orig. Aufn. Hbg. 1906
ST. MICHAELIS Gedächtnismappe. Orig. Aufn. v. G. Koppmann. Hbg. 1906
SEELIG, G.: Die geschichtliche Entwicklung der Hamburger Bürgerschaft u. d. hamburgischen Notabeln. Hbg., 1900
SITTARD, J.: Geschichte der Musik und des Concertwesens in Hbg. 1890
DIE SONNINKIRCHE zu Wilster. Festschr. z. 100jähr. Best. Wilster, 1930
THIELICKE, H.: Die Vorfälle i. d. Hamburger Michaeliskirche. Predigt v. 13. Januar 1968. Berichte u. Dokumente. Hbg. 1968
VALENTIN, E.: G. P. Telemann und seine Zeit. 1960
(VOIGT, J. F.): Geschichtliches über die Gärten in Hbg., Hbg. 1869
VRIESLANDER, O.: Carl Philipp Emanuel Bach. München 1923
WICHMANN, E. H.: Heimatskunde. Topographische, historische u. statist. Beschreibung v. Hbg. u. d. Vorstadt St. Georg. Hbg. 1863
WIESE, E. v.: Hamburg. Menschen – Schicksale. Hbg. 1967
WÖLFLE, K.: Hamburger Geschichtsatlas. Heimatkundl. Karten und Bilder. Hbg. 1926
(WORTMANN, G.): Ein chronologischer Zusammentrag die Kirche und das Kirchspiel zu St. Michaelis betreffend. Hbg. 1809